앙코르 와트 · 월남 가다
- 조선인의 아시아 문명탐험 -

도올 김용옥

통나무

프놈 바켕. 앙코르지역 야소다라뿌라
최고(最高)의 중심사원.
멀리 광막한 밀림의 지평선이 보인다.

서 (序)

올해가 을유년이다. 우리 민족이 일제의 압제로부터 벗어난 해가 을유년이다. 그러니까 해방 60년, 환갑이다. 환갑이란 우리의 의식에서 독특한 의미를 갖는다. 갑자가 한바퀴 돌았다는 것은 새로운 시간의 출발을 의미하는 것이다. 지난 60년과는 다른 새로운 시간의 싸이클이 돌아주기를 우리는 기대하게 되는 것이다. 그것은 지난 60년동안 우리의 인식체계를 사로잡고 있었던 어떤 세계관으로부터의 탈피를 의미한다. 그것은 우리의 우주의 축의 전환이다!

나는 이 을유년을 EBS와 더불어 보내기로 했다. EBS에서 "한국독립운동사 다큐멘터리 10부작"의 총연출을 나에게 맡긴 것이다. 나는 우리의 국민의식 속에서 사라져 있던 현대사를 좌·우 이념이나 남·북의 분열에 관계없이 총체적으로 부활

시키는 작업을 감행키로 한 것이다. 우리민족이 일본제국주의의 사슬에 신음하고 있었던 이 시기에 우리가 살고 있었던 지구의 80%가 식민지로 덮여 있었다. 그런데 그 많은 민족의 역사에 있어서 우리 조선인들처럼 독립국임과 자주민임을 만방에 선포하고 27년동안 임시정부를 성립시켜 가면서 마지막 순간까지 조직적이고도 거족적인 투쟁을 벌인 유례가 없다. 그것은 찬란한 항거와 자존의 역사였다. 한국독립운동사야말로 우리민족의 정체성의 뿌리라고 나는 확신한다.

여기 독자들에게 선사하는 나의 글은 지난 여름 MBC 한국사상사강의를 끝내고 우연히 베트남과 캄보디아를 여행하면서 느낀 짙은 감회를 서술한 것이다.(2004. 6. 26.~7. 3.) 나홀로만의 감상으로 흘려버리거나 망각이라는 의식속에 담아두기에는 너무도 중요한 체험의 구조가 나의 여정을 지배하고 있었던 것이다. 이것은 결코 평범한 여행담이 아니다. 이것은 조선인이 아시아 문명권에 관하여 사상적 메스를 가한 매우 조직적인 문명론의 한 독창적 전기로서 이해되어야 마땅할 것이다. KBS는 이러한 나의 노력을 평가하고 해방60주년 공간에서 "도올, 아시아를 가다"라는 새로운 문명론의 파노라마를 펼쳐보자는 매혹적인 제안을 했으나, 송구스럽게도 이미 EBS와 한국독립운동사 다큐멘터리 제작계약을 맺은 후였다. 나는 독립운동사에 전념하기로 했지만, KBS의 아시아로 향한 기획은 참으로 의미있는 일이다.

환갑은 환생이다. 그런데 우리민족은 이제 아시아로 환생해야 한다. 아시아를 알고, 아시아를 배워야 한다. 아시아적 세계관속에서 아시아적 가치를 구현하는데 우리가 솔선수범해야 한다. 과거 일본의 제국주의적 음모속에서의 아시아연구가 아니라, 아시아적 가치속에서 아시아적 공생을 통해 인류의 새로운 보편비젼을 제시하는 뉴 사이언스로서의 아시아학을 정립해야 한다.

나는 여기 여행담의 형식을 빌은 나의 문명론이 이러한 새로운 벤쳐의 한 출발이 되리라고 확신한다. 우리민족의 국운(國運)에 대한 희망을 갖자 !

을유년 원단

도올 쓰다.

앙코르 와트를 향해 기도하는 할머니. 앙코르 와트가 19세기에나 발견되었다는 것은 신화다.
그것은 12세기부터 오늘날까지 끊임없이 크메르민중의 경배의 대상이 되어왔다.

여행은 이탈이다. 그런데 이탈이란 즐거울 수도 있는가 하면 동시에 매우 공포스러울 수도 있는 것이다. 열차가 궤도를 이탈하면 공포스러운 일이 벌어진다. 그러나 우리의 삶은 열차의 궤도와 같은 것은 아니다. 우리의 삶도 물론 수없는 궤도로 이루어져 있다. 우리가 보통 "루틴"(routine)이라고 부르는 생활의 궤적, 끊임없이 반복되는 일정한 길들은 열차의 궤도와 같이 이탈을 허용하지 않을 정도의 절제를 요구하기도 하지만, 그러한 궤적들은 오히려 이탈을 통해 새롭고 참신한 생명력을

크메르 예술의 정화를 보여주는 프놈펜박물관 소장의 락슈미 상. "우유바다휘젓기"
신화의 주축인 비슈누의 부인. 인자한 얼굴과 풍요로운 젖가슴은 만져보고 싶은 충동을
자아내는 크메르여인의 현실적 모습이었을 것이다. 2004 여름 서울역사박물관 전시.

획득할 수도 있다. 그러니까 우리의 삶의 궤도는 차거운 쇳덩어리의 평행선이 아니라 실타래처럼 엉켜져 있는 따사로운 핏줄의 그물과도 같은 것이다.

보통 이러한 궤도속에 갇힌 인간들이 가장 손쉽게 이탈을 추구하는 방식이 "술"이라는 것이다. 그런데 술의 이탈은 너무도 일시적이고 너무도 표피적이고 때로 너무도 가식적이다. 그리고 더 무서운 것은 새로운 이탈의 궤도를 형성한다는 것이다. 방과후, 혹은 퇴근길에 주막집에 앉아 술잔을 기울이는 이탈의 멋은 표피적인 구라꾼들의 자기기만적인 언설이나 행동의 루틴속에 또 다시 오염되어버리고 마는 것이다. 이에 비하면 여행은 확실히 보다 매력적인 이탈의 한 방식이 될 수가 있다.

이탈이란 새로운 체험의 획득이 없이는 무의미한 것이다. 단순한 이탈은 빗나감이며, 외도의 행각으로 얼룩질 뿐이다. 술이 형성하는 이탈의 특징은 그 관계망이 한없이 진부하다는 것이다. 똑같은 사람이 똑같은 분위기 속에서 술보금자리를 틀어본들, 남는 것은 망가지는 몸밖에는 없다. 여행이라는 이탈의 매력은 근원적으로 우리삶의 보금자리를 떠난다는데 있다. 그래서 새로운 체험을 획득한다. 새롭다는 것은 즐거운 것이며 또 공포스러운 것이다. 그러니까 공포를 느낄줄 모르는 사람들은 결국 새로움을 체험하지 못하는 것이다. 의미있는 여행이란 진실로 공포스러워야 하는 것이다.

여행은 반드시 공간의 이동을 수반한다. 공간이란 우리에게 거리감각으로 인지되지만, 그 거리감각이란 아인슈타인의 상대성이론을 얘기하기 전에 이미 우리 인간에게는 지극히 상대적이고 주관적인 것이다. 새로운 체험을 획득하기 위해서는, 우리는 우리에게 친숙한 공간을 이탈해야 한다. 그러한 공간의 이탈은 거리가 멀수록 확실해지지만, 요즈음은 거리의 개념자체가 애매모호해졌다. 팩스와 같은 전자기장의 장난만 하더라도 이 지구상의 모든 지점을 등거리화해버렸다. 참으로 놀라운 일이다.

내가 어릴 때는 산넘어 딴 동네에 가는 것만으로도 나에게 친숙한 코스모스가 아닌 카오스의 이질적 체험이 가능했다. 나는 어렸을 때 우리 아버지가 철도청 촉탁의였기 때문에 매년 한번씩 주기적으로 국내 명찰을 탐방하는 가족여행을 가는 특권을 누릴 수 있었다. 1950년대 내가 10세미만의 아동으로서 보았던 불국사·화엄사·해인사의 느낌은 현재 이 지구상에서 내가 체험할 수 있는 어떠한 고적보다도 더 웅장하고 이색적인 것이었다. 그런데 요즈음의 아동들이 그런 충격을 받을지는 의문이다. 무엇보다도 공간개념이 달라져버렸고, 또 이색적 체험 자체가 과도한 정보의 교류현상으로 매우 진부한 일상체험으로 전락하고 퇴색해버렸기 때문이다.

한 인간이 자기가 태어난 문명, 즉 언어와 생활습관 그리고 국가조직의 정체성이 동일한 단위로부터 이탈한다고 하는 것은 아마도 20세기 이전에는 인류의 극소수에게만 가능했던 매우 이례적이고도 특별한 이벤트였다. 마르코 폴로의 견문록이나, 주달관(周達觀)의 풍토기, 이븐 바투타의 여행기, 콜럼부스의 신대륙발견, 박지원의 열하일기 등… 이러한 수없는 이벤트는 결코 20세기 이전의 인간에게는 일상적으로 공유될 수 없는 요원한 상상의 세계였다.

20세기 전반만 하더라도 이러한 체험은 그 체험의 획득에 헌신하는 특수한 로만티스트들의 전유물이었고, 그들은 역사학,

인류학, 언어학, 사회학과 같은 새로운 학문을 만들어 낸 주역이었다. 사실 이러한 학문은 모두 한 문명의 제국주의적 팽창과 연관되어 있다. 사실 제국주의를 체험하지 않은 문명은 진정한 학문의 모험이 결여되어 있는 것이다.

20세기의 가장 큰 변화는 지구상의 거리를 좁히는 노력이 꾸준히 발달하여 왔으며, 또 그 발달의 결과물이 평범한 사람들에게까지 공유되는 현상이 보편화되었다는 사실이다. 다시 말해서 비행기여행이 백년전 소달구지여행보다도 더 간편한 시대로 이행해버렸다는 것이다. 조선문명이 민주주의와 자본주의를 충실히 실천하는 과정에서 나타난 가장 큰 변화는 "해외여행자유화"라는 전대미문의 현상이었다.

축복일까, 저주일까? 해외여행자유화는 한 문명에 있어서 "독재의 종식"이라는 현상과 맞물려 있다. 우리나라도 예외는 아니었다. 해외여행이 자유화되면서 우리나라에서도 독재의 가능성이 종지부를 찍었던 것이다.

21세기 한국인의 새로운 풍속도 중에 아마도 가장 충격적인 변화는 해외로 비행기여행을 가는 것이 대중화되었다는 사실

크메르제국의 세종대왕으로서 민중의 추앙을 받는 자야바르만 7세의 두상.
용맹스러운 전사, 자비로운 관세음보살의 이미지가 겹쳐있는 데바라자(神王).
리얼한 한 인간의 관조미가 잘 표현되어 있다.

일 것이다. 이러한 변화는 실제로 예전에 꿈도 꿀 수 없었던 많은 일들이 가능케 된다. 이제는 평범한 한국인일지라도 마음만 먹는다면『역사의 연구』를 쓴 토인비도 될 수 있고『황금가지』를 쓴 프레이저 경도 될 수 있으며, 트로브리앙 군도의 삶을 연구한 말리노우스키도 될 수 있는 것이다. 과거에는 꿈을 꾼다 해도 이룰 수 없었던 물리적인 여건이 지금은 마련된 것이다. 그런데 한국인들이 여행을 하는 태도를 보면, 진정한 이탈의 공포를 느끼기 위해 즉 자기에게 친숙하지 않은 세계의 겸허한 발견을 위하여 여행을 떠나는 것이 아니라, 루틴한 삶의 한 색다른 연장태로서 여행을 가는 것이다. 참으로 애석한 일이 아닐 수 없다.

20세기의 정신세계를 구성한 많은 천재들의 상당수가 미친 사람들이다. 20세기의 벽두, 바로 1900년에 숨을 거둔 니체도 정신분열증 환자였다. 니체는 작곡도 했는데, 그가 말년에 남긴 악보는 연주가 불가능하다. 스키초프레니아의 말기현상까지 갔던 것 같다. 사고의 흐름에 문제가 있는 것이다.

20세기에 가장 큰 영향을 남긴 두 사상가를 들라면 지그문트

프로이드와 칼 맑스를 꼽을 수 있을 것이다. 맹자는 인간의 가장 원초적 성향을 가리켜 식색지성(食色之性)이라 했는데, 이 두 본성 중 맑스는 식성(食性)의 문제에 집착했고, 프로이드는 색성(色性)의 문제에 집착했다. 맑스는 빵의 분배라는 사회적 문제에 관심이 많았기 때문에 정신적으로는 끊임없이 투쟁적인 텐션 속에서 살아야했다. 그래서 그만큼 독단적일 수밖에 없었다. 그리고 말년에는 너무도 지독한 빈곤에 시달려 아들·딸·부인까지 잃고 정신적으로 황폐한 인간이 되어 런던의 초라한 다락방에서 생애를 마감했다.

프로이드의 정신분석학도 그 자체가 자기 자신의 정신을 분석하지 않고서는 못견딜 정도로 편향된 정신적 고통 속에서 일생을 보냈어야만 했던 어떤 삶의 역정의 결과라는 분석이 우세하다. 갓 태어난 남동생을 죽도록 미워했는데 그 남동생이 우연히 죽어버린 것에 대한 죄책감, 어려서 자기 엄마의 빨개벗은 모습을 보고 꼴려서 어쩔 줄 모르며 괴로워했던 자신의 리얼한 고통에 대한 끊임없는 회상, 그리고 아버지의 침대에 오줌을 갈긴 것에 대한 아버지의 저주, 그리고 유대인으로서 핍박받는 아버지의 비굴한 모습에 대한 증오, 그리고 처제와의 불륜의 관계, 등등 프로이드는 헤아릴 수 없는 콤플렉스 속에서 산 인간이었다. 아마도 지독한 소음인체질의 인간이었을 것이다. 인간의 싸이킥에너지의 원천을 섹스(성적 욕망)라는 새로운 대륙에서 발견한 프로이드는 20세기의 가장 영향력이 큰 사상가임에 틀림이 없지만 외디푸스 콤플렉스와 같은 이론에 대한 과도한 집착이나 지나친 보편화는 자신의 특수한 체험을 투영한 것으로 밖에 볼 수가 없다. 프로이드의 대부분의 이론이 과학이기에 앞서 그 자신의 실존적 신념의 표방이었다. 그의 이론은 증명이기에 앞서 설득이다. 그래서 그만큼 허점이 많고, 그래서 그만큼 영향력이 컸던 것이다.

20세기 사상가중에서 맑스와 프로이드 사이에 있었던 중요한 또 하나의 인물이 근대적 사회학의 창시자라 할 수 있는 막스 베버(Max Weber, 1864~1920)다. 맑스가 인간의 역사적 발전의 원동력을 물질적 토대 위에서 볼려고 했다면 베버는 정신적 토대 위에서 볼려고 했다는 점에서 맑스와 다르다. 그리고 프로이드가 인간이라는 개체의 심적 에너지의 근원을 밝힐려고 했다면, 베버는 인간 개체의 심적 원천보다는 인간 그룹행동의 논리를 구성할려고 했다는 점에서 프로이드와 다르다.

그런데 베버도 지독한 정신병자였다. 대부분의 정신병자는 엄마·아버지가 지독하게 불화하거나, 컴뮤니케이션이 두절되어 있다. 베버의 엄마는 철저한 정통적 칼빈주의의 엄격한 도덕성을 견지했고, 부유한 집안에서 태어난 정치지망생 아버지는 무능했고 지극히 권위주의적이었다. 아버지는 부인과 아들의 절대적 복종을 강요했다.

베버는 그의 천재적인 지적 업적 때문에 베를린대학과 프라이부르그 대학을 거쳐 불과 32세에 하이델베르그 대학의 정교수로 초빙되었지만(1896), 정신분열증이 계속 발작되어 교수생활을 얼마 하지 못했다. 우리가 보통 정신병이라고 하는 것은 정신증(psychosis)과 신경증(neurosis)으로 분류되는데 정신증은 꿈과 현실의 구분이 없고 자신의 질병에 대한 자각증세가 없는데 반해, 신경증은 꿈과 현실의 구분이 있으며 자신의 질병에 대한 자각증세가 있다. 악화되면 정신증은 인격황폐에 이르지만 신경증은 인격황폐에까지 이르지는 않는다. 아마도 막스 베버는 신경증과 정신증의 보더라인을 왔다갔다 한 사람 같은데, 정신분열증(schizophrenia)에까지 이르지는 않았던 것 같다. 그런데 베버가 끊임없이 정신병을 극복하면서 저작생활에

바이욘사원의 무수한 첨탑들을 구성하고 있는 성왕 자야바르만 7세의 신비로운 얼굴.
정면뿐 아니라 측면의 얼굴도 주목할 것.

앙코르 와트 · 월남 가다(上)

몰두할 수 있었던 것은 부모로부터 물려받은 상속과 여행이었다. 그는 정신증세가 발작하기만 하면 여행을 떠났다. 그에게서 여행은 자신의 정동장애로부터의 이탈이자 새로운 세계, 새로운 가치관의 발견이었다. 위대한 탐험가들이 히말라야나 인적이 미치지 못하는 오지로의 여행을 즐겼다면 베버는 끊임없이 가까운 유럽의 여러나라들을 여행하면서 자신의 이론을 확인하고 또 확인했다. 이러한 17년간의 자신의 정신병과의 고투의 기간동안에 베버는 사회과학의 찬란한 업적들을 쏟아놓았다. 자본주의 발전의 정신적 요소로서 그가 칼빈주의적 모델의 프로테스탄트 윤리를 생각한 것은 그의 성장과정에서 엄마로부터 받은 삶의 정신적 가치가 그 바닥을 이루었겠지만, 그는 끊임없는 여행을 통하여 느끼는 풍물·풍속을 통해 그러한 테제를 확인했던 것이다. 그리고 40대 후반에는 혼외정사를 처음 체험하면서 종교의 신비적, 그리고 금욕주의적 양식과 에로티시즘의 제관계에 관하여 심도있는 분석을 전개한다. 몸의 신비적 융합의 체험을 통하여 새로운 감성의 세계를 발견하였던 것이다.

하여튼 천재가 될려면 좀 미쳐야 하는 모양이다. 그래서 그

미침의 극단적 진행을 막기 위해서 의미있는 여행도 떠나곤 해야하는 모양이다. 그래서 또 기발한 이론도 만들어내곤 하는 모양이다. 그런데 나는 여행을 나의 광기로부터의 이탈로서 정당화할만큼 일상적으로 미친놈이 되어보진 못한 것 같다. 천재라는 소리를 듣기에는 아직까지는 덜 미쳐있는 것 같다. 아직까지 나는 정신이 말짱한 것이다.

그렇지만 20세기의 많은 위대한 사상가들의 업적이 알고보면 그들의 극심한 정신병의 편협한 관념의 소산이라고 한다면, 그들의 사유의 기발함을 예찬하기에 앞서 보다 넓고 냉정한 안목에서 세계를 바라보아야 할 필요를 절감한다. 베버만 해도 자본주의의 정신적 기저를 칼비니스트적인 소명(Beruf)의 직업윤리에서 찾은 것은 동감할 수도 있지만, 그러한 테제의 반증으로서 중국문명의 기저를 "체면과 외면"의 윤리로서 폄하한 것은 참 이해하기 어려운 대목이다. 모든 사람들이 결국은 자기가 살고 있는 세계의 우주론적 가치를 벗어나지 못한다. 서양인들은 서양인들의 잣대로만 세계를 보아온 것이다. 그리고 우리들조차 그러한 잣대만이 유일무이한 가치관의 보편적 척도라고 믿어왔던 것이다.

나는 솔직히 말해서 20세기 서양문명의 정신적 가치를 그다지 대단한 것으로 평가하지 않는다. 이런 말을 하는 나를 많은 사람이 몹시 건방지다고 하겠지만, 이런 말을 할 수 있기까지, 나는 누구보다도 20세기 서양문명의 위대한 학문적 성취를 경복하고, 또 이해하기 위하여 피눈물나는 노력을 기울여 온 사람이라는 사실을 자신있게 고백할 수 있을 것 같다. 서양문명의 논리에 즉하여 서양문명을 극복한다는 것은 있을 수 없는 일이다. 서양문명을 극복하기 위해서는, 서양문명의 찬란한 성취가 알고보면 별것 아니라는 거리감, 그리고 그러한 찬란한 성취의 훌륭함은 나에게 쉽게 흡수될 수 있는 것이라는 자신감, 그러한 거리감과 자신감으로부터 창조적인 나 자신의 노력을 기울일 필요가 있다는 것이다.

아시아인들은 너무도 자신의 이해를 서구인들이 아시아를 이해한 방식에 의존하는 경향을 과시하여 왔다. 일본을 이해해도, 미국인이 일본을 이해하는 방식을 통하여 이해해왔고, 중국이나 동남아에 대해서도 마찬가지였다. 이제는 아시아인들이 아시아인들 스스로의 공통된 문화적 감각을 가지고 서로를 직접 이해하는 교류의 장을 펼쳐야한다고 생각한다. 나 도올이 한국인으로서 캄보디아와 월남을 처음 여행한다는 이 사실은 바로 이러한 아시아적 공감성(Asiatic Empathy)의 한 고리로서 일차적 의미를 가질 것이라고 확신한다.

난 앙코르 와트에 대해 매우 신비로운 환상을 키워왔다. 그것을 처음 체험하는 여행의 순간들은 분명 감수성이 짙은 나에게는 공포의 순간들로 다가왔다. 그리고 그많은 공포의 순간들을 나는 일기에 소상히 적어놓았다. 그 짧은 며칠간의 일기를 나는 앞으로 미지의 세계를 향해 일탈의 즐거움을 향유하려는 수없는 조선의 젊은이들을 위하여 공개하기로 마음먹었다.

앙코르 와트의 벽면을 꽉 메운 천상의 무희 압사라들.
이들의 모습도 압사라춤의 전승 속에 오늘까지 그대로 보존되어 있다.

프롤로그

6개월동안 한 주도 쉼이 없이 MBC라는 거국적인 지상파 방송에서 강의를 한다는 것은 결코 쉬운 일이 아니다. 감기를 지독히 앓아 몸살로 두루누워도 안된다. 게다가 시청률이 떨어져도 안된다. 그럴려면 재미가 있어야 한다. 강의의 재미란 지적 텐션이다. 그런데 지적 텐션의 끊임없는 유지라는 것은 필연적으로 논란을 자아낸다. 그리고 누구나 알아들을 수 있는 언어를 활용해야 하기 때문에 한마디라도 삐꺽 잘못나가면 사방에서 공격의 화살이 날아들어 온다. 그런데 요번 MBC강의, "우리는 누구인가"는 지난번 KBS나 EBS강의 때와는 달리, 유별스러운 역사의 격동기를 거쳐야 했다. 기대치도 않았던 탄핵정국이 전개되었고, 보·혁의 역전이라는 미증유의 정치판도 변화를 초래한 4·15총선이 자리잡고 있었다. 게다가 나의 강의는 조선사상사라는 우리의 현실적 모습의 뿌리를 캐는 지적 탐색

MBC 한국사상사 종강

의 과정이었다. 먼나라 얘기가 아니라 바로 이 땅의, 그리고 바로 우리 할아버지들의 생각의 흐름을 훑어가는 긴 여로였던 것이다. 이러한 여로에 대하여 별 탈이 없이 유종의 미를 거둔다는 것은 참으로 고맙고 아름다운 일이다. 그만큼 나에게는 버거운 여정이었다.

2004년 6월 24일, 수요일, 나는 마지막 강의를 했다. 천여명의 방청객이 운집했는데, MBC 창사이래 가장 많은 방청객을 녹화장에 입장시킨 사례라 했다. 그리고 6월 25일, 금요일 오전에 나는 MBC본사 4층 I편집실에서 종편(종합편집)을 완료

했다. 바로 다음날, 그러니까 월요일(28일) 밤 11시 나의 마지막강의가 이 땅의 방방곡곡에 울려퍼지기도 전에, 나는 출국을 했던 것이다. 너무도 너무도 마지막 소임을 다하는 그 순간이 고대되었었기 때문에, 그 다음날로 어디론가 여행을 하고 싶다고, 생각없이 우발적으로 한마디 한 것이 실천으로 옮겨지게 되었던 것이다. 너무도 빡빡한 일정에 후회도 많았지만 여행팀 웍이 이미 준비를 완료한 상태라서 부리나케 마무리를 하고 비행기에 몸을 던지지 않을 수 없었다. 밤을 꼬박 새우며 중앙대학교 봄학기 7백여명의 수강생 점수를 매겨 넘겨주어야 했다. 6개월동안 흐트러졌던 책상을 대강 치워놓고 비행기에 오르자마자 몇 시간을 곯아떨어졌다.

5시간을 곤히 자고 덜컹 착륙한 곳이 탄 손 나트(Tan Son Nhat)국제공항이었다. 비행기가 착륙하는데 내려다 보니깐 구렁이 같이 굼틀굼틀 S자모양으로 사이공강이 흐르고 있고 다닥다닥 붙은 불란서식 건물들이 인상적이다. 고층건물이나 아파트군락같은 것이 별로 크게 눈에 띄질 않았다. 현지시각으로 오후 4시 10분이었다.

나의 여행은 내가 치밀하게 기획한 여행이 아니었다. MBC강의를 위하여 보이지 않는 곳에서 수고를 아끼지 않은 나의 스태프와 제자들, 그리고 모처럼만에 다시 모인 가족들, 16명이 한 팀을 이루어 한겨레신문사 자회사인 한겨레투어에 부탁을 하여 일정이 짜여진 지극히 수동적인 평범한 관광투어였다. 나는 아무 준비도 없이 한겨레투어의 가이드역인 김철수군을 뒤따라가기만 했던 것이다. 참으로 도올답지 않은 여행이라 하겠지만 난 요번여행을 준비할 수 있는 일체의 정신적·물리적 시간이 없었다. 아마 그렇기에 그만큼의 충격이 더 컸을지도 모른다. 무방비의 무지상태에서 즉각즉각 다가온 체험의 알맹이들은 나의 감성을 세차게 후려쳤다.

무심코 비행기 문밖에 연결된 브릿지를 걸어나가는데 이건 또 웬일인가? 누군가 나에게 화려한 백합꽃으로 장식된 꽃다발을 안겨준다. 너무도 뜻밖의 일이라 어쩔 줄을 모르고 있는데 옆으로 스치는 여행객이 한마디 죠크를 던진다.

"국보가 오셨는데 환영이 너무 초라합니다."

초라하긴? 내 기억으로 공항에서 꽃다발을 받아본 것은 내

사이공강이 굽이치는 호치민시

생애에서 처음있는 일인데? 나에게 꽃다발을 안겨준 주인공은 호치민시에 주재하고 있는 대한항공 지사장 이화석(李和錫)씨였다. 어떻게 내가 온다는 정보를 입수한 모양이었다. 덕분에 우리는 트랜지트 수속을 신속히 마칠 수 있었다. 그리고 베트남에어라인 VIP라운지로 안내되었다. 우리는 호치민시에서 바로 캄보디아로 떠나게 되어있었다. 3시간 정도를 라운지에서 기다려야 했다. 라운지에는 보통 항공사 라운지 치고는 보기 드물게 푸짐한 음식과 과일이 준비되어 있었다. 레인지에 넣어

베트남의 수도 하노이의 바딘광장. 1945년 8월혁명후, 9월 2일 베트남민주공화국의 독립이 선포되었다. 혁명의 리더 호치민의 영묘가 자리잡고 있다.

서 요리해먹는 베트남산 쌀라면이 특별히 맛있었다. 우리팀에 의해 곧 동이나 버렸기 때문에 난 맛도 보지 못했다.

"베트남은 우습게 볼 나라가 아닙니다. 세계의 모든 강대국을 물리적인 실력으로 연거퍼 패배시킨 나라는 이 지구상에서 베트남 한 나라밖에 없습니다. 처음 유럽의 강자인 불란서를 처절하게 무릎꿇게 만들었죠. 1954년 5월 7일 디엔 비엔 푸

(Dien Bien Phu)에서 1만여명의 불란서군은 꼼짝없이 항복하는 수치스러운 모습을 만방에 보여주었습니다. 덩치가 크고 허연 선진국사람 불란서 용사들이 자기가 지배했던 쪼끄많고 까만 동양사람들에게 총을 들고 투항하는 모습은 당시 인류에게 너무도 큰 충격이었죠. 46년부터 54년까지의 불월전쟁(Franco-Viet Minh War)에서 불란서군의 사상자는 자그만치 14만 8천명에 이르렀습니다. 호지명이 당시 불란서군에게 뭐라 말했는지

아십니까? '우리가 불란서군 1명을 죽일 때 너희는 우리군 10명을 죽일 수 있을지 모른다. 그러나 이 계산으로도 너희는 지고 우리가 이길 것은 뻔한 이치다.'

다음날로 제네바회의가 열렸고 17°선 벤하이강(Ben Hai River)을 중심으로 잠정적으로 베트남을 남·북으로 갈라놓고 1956년 7월 20일에 거국적인 총선을 치르기로 한 제네바협정이 이루어졌죠. 물론 그 약속은 지켜지지 않았습니다. 거국적 선거에서 호지명이 이길 것은 너무도 뻔했으니까요. 결국 1955년 12월 남쪽에는 친카톨릭·친서방적인 고딘디엠정권이 들어섰고 북쪽에는 호지명의 월맹정권이 들어섰지요.

다음이 세계최강국인 미국입니다. 6·25 한국전쟁이라는 세계사적 비극을 통하여 냉전체제가 구축되면서 소위 도미노이론이라는 것이 성립했고 이 터무니없는 무지스러운 이론에 따라 미국은 결국 불란서의 바톤을 이어받아 월남에 개입하게 됩니다. 케네디정권(1961-63)때 이미 본격적인 군사개입이 시작되었고 1964년 미국대통령선거 때, 공화당의 후보 골드워터가 적극적인 군사행동을 들고 나오자, 미국민들은 한국전쟁에서 중공군개입으로 후퇴해야만 했던 악몽을 연상하면서 평화를 외쳤던 린든 비 죤슨(Lyndon Baines Johnson)을 뽑아주었던 것입니다. 그런데 평화주의자로 가장했던 죤슨대통령이 1964년 8월에 바로 통킨만에서 북폭을 시작한 것입니다. 5,788개의 평화로왔던 북베트남의 마을중 4,000여개의 마을이 파괴되었고, 모든 길과 철도와 다리가 파손되었습니다. 며칠 후(8월 7일) 미의회는 '통킨만 결의안'(Tonkin Gulf Resolution)을 통과시켰습니다. 여기서부터 20세기 세계사의 운명을 결정한 어마어마한 전쟁이 시작된 것입니다. 기억하시죠! 1975년 4월 29일, 사이공 미대사관 옥상에서 헬리콥터를 타고 마지막 탈출을 시도하는 그 사진을! 미국은 완패했습니다. 미국은 확실하게 진 것입니다. 미국은 도미노이론에서 아무 것도 건지지 못했습니다.

공식적으로 5만 8천 183명의 미국의 젊은이들이 목숨을 잃었습니다. 무력으로 이 세계는 다스려질 수 없다는 것만이 확인된 것이죠.

그리고 그 다음이 중국이지요. 1979년 2월 크메르 루즈와의 역학관계에서 발생한 국경분쟁에 있어서도 결코

사이공으로부터 미국을 축출시킨 힘의 집결지, 구찌터널. 베트콩의 본산.

중국은 월남을 제어하지 못했습니다. 세계에서 불란서·미국·중국이라는, 유럽·아메리카·아시아의 최강국들과 물리적으로 싸워 그들을 차례로 물리친 나라는 월남밖에는 없습니다."

이화석씨는 매우 명료한 의식을 가지고 사는 사람이었다. 한마디 한마디에 역사의식이 배어있었고 정확한 정보와 언어를 선택하고 있었다. 나로써는 배울 것이 너무도 많은 훌륭한 한국인이었다. 우리는 아직도 월남에서 미군이 철수했다는 막연한 생각만 가지고 그 역사에 대한 평가를 얼버무리고 말 수가 있다. 그런데 진 것은 확실히 진 것이다. 미국이라는, 이 지구상에서 존재해본 적이 없는 최강국이 월남이라는 지금도 매우 빈약하게 보이는 인도차이나의 한 나라에게 진 것이다. 미국이 월남지역에 퍼부은 포탄만 해도 1,300만톤이 넘는다. 이것은 히로시마에 투하된 원폭에너지의 450배가 넘는 분량이다. 미국은 인도차이나의 모든 사람들, 남자, 여자, 어린아이, 할머니, 할아버지 모든 사람에게 한 사람당 265kg포탄을 떨어트렸다. 그리고도 졌다. 그런데 그러한 미국이 지금 그 교훈이 가시기도 전에 이라크에 또다시 포탄을 퍼붓고 또 다시 지고 있다.

월남전 때와는 비교할 수도 없을 만큼 무기가 발전했는데도, 질질 끌려가는 아비규환의 생지옥의 모습은 여전하다. 미국은 확실히 졌다. 그리고 월남은 확실히 이겼다.

호치민(Ho Chi Minh, 胡志明, 1890~1969)

순간 나는 핑 머리가 도는 것을 느꼈다. 앗차! 내가 너무 세상을 달콤하게 해석하고 있었구나! 난 평소 세계인식에 있어서 월남의 중요성을 생각해본 적이 없다. 그냥 한국사람들이 용병으로 가서 싸워주었기 때문에 우리가 그 덕분에 경제발전할 수 있었던 빌미를 제공해준 나라! 그래서 좀 죄책감을 느끼기도 해야 할 나라! 그리곤 한국시골청년이 배우자를 찾기 어려우면 몇천불에 새악씨를 사오는 나라! 솔직히 말해서 이런 정도의 인상밖에는 가지고 있질 못했던 것이다. 그런데 세계의 초강대국들을 물리친 강대국으로서의 월남의 현실적 중요성, 그 전략적·경제적 거점으로서의 중요성을 솔직히 생각해본 적이 없다. 내가 요번 여행에서 느낀 최초의 공포는 바로 이러한 나의 무지와 무관심이었다. 나는 너무도 아시아를 모르고 살았다는 것이다.

―이지사장님의 말씀을 듣자니까 귀가 번쩍 뜨이는데요, 사실 아시아에서 물리적으로 중국을 견제할 수 있는 실력을 가진 나라는 월남밖에는 없겠는데요.

"일본의 경제력도 무서운 것이지만, 월남은 라오스・캄보디아・미얀마를 지배하는 확실한 인도차이나의 맹주이며 앞으로 수십년간은 전쟁이 없이 자신의 운명을 스스로 결정하면서 주체적으로 살아갈 나라임에는 틀림이 없습니다."

―월남사람들은 프라이드가 굉장히 강하겠네요.

"그렇습니다. 개개인의 행동양식에 세계강대국들의 압제를 이겨냈다는 자신과 자만이 배어있습니다. 그러나 그만큼 신용도 있고 성실합니다. 월남사람들은 외면적으로 못사는 나라치고는 타락하지 않았습니다. 저는 월남에서 주재하고 있는 것을 행복하게 생각하고 있습니다."

― 경제상황은 어떻습니까?

"물론 못 사는 나라입니다. 1인당 국민소득이 평균 ＄450 정도이니까요. 그러나 지역에 따라 소득차이가 있어요. 하노이가 한 ＄1,000될 꺼고, 호치민시가 한 ＄1,500될 꺼에요. 그러나 우리가 잊지말아야 할 것은 월남은 무한한 발전가능성의 나라라는 것입니다. 메콩델타 앞바다에는 엄청난 석유가 매장되어 있다는 것이 입증되었습니다. 열군데 시추하면 아홉군데가 터지고 있는 실정입니다. 혹자는 사우디 아라비아를 능가하는 산유국이 될 것이라고 합니다. 그리고 월남은 현재 세계 3대 커피수출국이며, 미국, 타이에 뒤이어 제3위의 쌀수출국입니다. 3,200㎞나 되는 칠레 다음으로 긴 해안선을 가지고 있으며 어마어마한 수산자원을 가지고 있습니다. 한국사람이 먹는 새우젓의 70%가 월남산이며, 길거리에서 사먹는 쥐포의 90%가 월남산이지요."

우리는 한번 이런 생각을 해볼 수 있다. 월남인이 현재 1인당

앙코르 와트 · 월남 가다(上)

베트남과 호치민

GNP가 $450 우리나라가 한 $10,000된다고 치자! 그 소득 격차는 어마어마한 것처럼 보인다. 그런데 20세기 역사를 통해 베트남사람들은 엄청난 도덕성을 축적해왔다. 강대국들에게 뼈아픈 교훈을 주었고 민족자결의 원칙을 윌슨대통령의 레토릭을 통해 보장받은 것이 아니라 스스로 쟁취하였다. 약소국들에게 희망과 용기를 주었으며, 죄없이 목숨을 날려야 했던 미국의 젊은이들에게 히피의 철학을 가르쳤으며 반전의 철학과 예술, 비틀즈, 밥 딜란, 조안 바에즈의 노래를 촉발시켰다. 아포칼립스의 "허러"(horror)를 뼈아프게 인식시켰다. 20세기 인류사에 있어서 월남의 역할이란 참으로 어마어마한 것이다. 그런데 우리나라 사람들은 지금도 미국이 헛기침을 하면 벌벌 떨고 살 수밖에 없다. 월남인들은 미군을 싸워서 물리쳤는데, 한국인들은 미군이 떠나겠다고 헛방귀를 뀌기만 해도 천지가 진동할 듯이 공포감에 떤다. 20세기 후반 반세기의 역사를 통하여 우리는 월남보다 20배나 높은 GNP의 역사를 만들었고, 월남은 우리보다 20배나 높은 도덕의 역사, 자신감과 희생, 단결과 자결과 청결의 역사를 만들어 왔다면 과연 이제부터 반세기 동안의 역사는 어떻게 전개될 것인가? GNP의 기초가 승리할 것인가? 인간의 숭고한 도덕적 정신의 기초가 승리할 것인가?

"월남은 지금 날로 날로 바뀌고 있습니다. 아니 초 초로 달라지고 있습니다. 하루가 달라지게 자산의 가치가 증대하고 있는 나라지요. 지금 월남의 변화는 정말 무섭습니다. 월남이 미국을 물리치고 난 후, 연이어 크메르 루즈(Khmer Rouge)를 제압했고, 중국과의 분쟁을 버티어 냈습니다. 인도차이나의 안정적 기초를 만든 후 그들은 나라의 경제적 재건에 집중하기 시작했습니다. 반동분자들의 청산만으로는 나라의 모습이 갖추어질 수 없다는 것을 깨달았습니다. 용서와 화해를 배우기 시작했고 세계시민으로서의 개방적 참여를 외치기 시작했습니다. 1989년 말부터 쇄신(刷新)이라는 의미의 '도이모이'(Doi Moi) 개방정책을 펼치며 자아비판을 감행했지요. 그러나 월남당국이 도이모이를 외쳤어도 세계는 주춤했고 미국은 제재의 고삐를 늦추지 않았습니다. 이때 혜성처럼 나타난 사람이 김우중이라는 큰손이었습니다. 김우중은 월남이 곤궁에 처해있을 때 과감한 투자로 선수를

호지명과
모택동

쳤고, 김우중의 투자가 성공하는 것을 보고 대만, 홍콩, 싱가폴, 인도네시아, 호주, 일본의 투자자들이 줄을 이었고 뒤늦게 미국 등 서방의 투자자들이 들어오기 시작했던 것입니다. 그러니까 김우중은 단순한 한국의 일개 기업인이 아니라, 위기에 처해있던 월남이라는 국가의 활로를 열어주고 적시의 과감한 투자로써 월남경제를 활성화시킨 월남인의 은인이며 국민적 영웅입니다. 월남사람치고 김우중을 모르는 사람은 없습니다. 도이모이의 물꼬를 튼 최초의 사람으로서 월남정가에 강력한 영향력을 발휘할 수 있는 유일한 한국인이며 세계적인 기업인이지요. 그러한 김우중이란 인물을 역사의 무대에서 사라지게 만들고, 대우가 월남에서 쌓아올린 절호의 한민족적 자산을 허물어뜨린다는 것은 도저히 이해가 되질 않습니다. 저는 대우와 개인적으로 일말의 관련도 없습니다. 단지 우리나라 사람들은 자신의 가능성이 해외에서 펼쳐지고 있는 어마어마한 현실에 대해서 너무도 무지하다는 것을 말씀드리는 것뿐입니다. 한국은 이미 한국이 아니라 세계입니다."

나는 이화석씨의 이러한 언급의 실상을 수도 하노이에서 절감했다. 호지명 주석의 소박한 집무실이었던 기념관에서 호지명의 전기와 나란히 김우중의 전기가 팔리고 있는 것을 확인했다.

　"생각해 보십시요! 도대체 부채보다 자산가치가 몇십배되는 기업을 일시적인 환차손으로 곤궁에 빠졌다고 근원적으로 해체시켜버리는 발상은 도무지 순수한 기업의 논리·이윤의 논리로도 해석이 되기 어려운 측면이 있습니다. 대우가 하나 사라지면 국내에서만 한 기업이 없어지는 것이 아니라, 대우가 쌓아올린 유형·무형의 모든 세계적 자산이 일시에 사라져버리는 것입니다. 그런데 이런 국제적 자산은 한국정부가 외교루트를 통해 1세기를 노력해도 쌓아올리기 어려운 업적입니다. 이런 국외의 국가자산에 대하여 한국인들은 너무도 단순하게 무지하다는 것입니다. 제가 감히 선생님앞에서 어찌 대우의 흥망사를 논하겠습니까마는, 대우가 추구해왔던 세계경영의 정신은 바로 오늘 우리나라의 개혁정치에 필요한 것이라는 사실을 진언하는 것입니다. 그것은 한국인의 진취적 기상을 상징하는 것입니다. 오늘 만약 대우의 월남프로젝트가 활발하게 여기서 움직이고 있다고 한다면 월남경제가 한국인의 또 하나의 위대한 시장기반이 되었을 것이며, 월남에 진출을 시도하는 많은 중소기업의 활동이 매우 용이했을 것이며 이곳에서 수없는 김우중이 쏟아져 나올 수 있는 기반이 형성되었을 것입니다. 참으로 애석한 일입니다."

—여기 딴 기업은 없습니까?

"2만명의 신발공장 노동자를 고용하고 있는 태광산업이 있지만 대우와는 스케일이 다르지요."

—그럼 지금이라도 김우중회장이 활약을 할 수 있으면 좋겠네요.

"그런 것을 어떻게 제가 말씀드릴 수 있겠습니까마는 국내에서 그분의 명예만 회복될 수 있다면 지금도 해외에서 한국을 위하여 많은 일을 하실 수 있는 분이라는 안타까운 심정은 듭니다. 제가 말씀드리는 것은 김우중 개인이 아닙니다. 김우중은 김우중 비전의 희생자라는 것만을 말씀드리는 것뿐입니다. 그 비전이 너무 시대를 앞서갔기 때문에 몰이해 속에 희생되어 간 측면이 있습니다. 김우중의 세계경영의 비전은 7·80년대

호지명이 책읽고 있는 모습

보다 바로 오늘 21세기 한국의 생존전략으로서 더욱 절실히 필요한 것이 아닐까 생각해 보는 것입니다. DJ 국민의 정부가 개혁정책상 불가피하게 저질러놓은 일이라면 그 개혁성을 이어가고 있는 현 정부가 그것을 마무리지을 필요가 있는 것입니다. DJ정부가 IMF위기를 슬기롭게 넘긴 것은 잘한 일이지만, 너무 급격하게 그 위기를 극복하려고 노력하는 과정에서 그 이전에 우리경제구조가 가지고 있던 많은 장점을 무조건 폄하시킨 것은 좀 문제가 있을 수도 있습니다. 국가경제를 정부가 주도하는 식의 모델은 이미 낡은 모델이라 할지라도 과거의 발전 모델의 어떤 핵심적 구조를 진취적으로 새롭게 살려나가지 않으면 우리국가는 경쟁력을 갖는 나라가 되기 어렵습니다. 한국의 기업과 젊은이들이 보다 적극적으로 해외시장에 눈을 뜰 수 있도록 정부는 새로운 모델을 개발해야 합니다. 그것은 미국경제를 주축으로 하는 글로벌라이제이션이 아니라 새로운 아시아공영의 논리에 의한 현명한 시장개척에 눈에 불을 밝히고 덤벼야하는 것입니다. 그리고 장·단기적인 전술과 전략이 국가적 차원에서 반드시 지원되어야 하는 것입니다. 너무 좁은 울타리에서 정치개혁의 싸움판만 벌이고 있질 말고, 시각을 넓혀 그 개혁적 에너지를 세계경영전략으로 전위시킬 필요가 있는 것입니다. 시각을 넓혀 보면 할 일이 너무도 많습니다. 시장경제의 논리에만 국가를 방임할 수는 없는 것입니다. 시장경제와 계획경제의 양측면을 우리는 다 보완적으로 잘 살려나갈 수 있다고 생각합니다."

─이것은 좀 딴 얘기지만 월남은 어떻게 해서 그렇게 빈곤한 와중에도 강인한 힘을 발휘할 수 있었습니까?

"그 이유는 매우 단순명료한 것입니다. 호지명이라는 위대한 도덕적 리더십 아래 전국민이 일치단결하여 단일한 목적을 향

적군의 폐타이어를 활용해 만든 호치민 샌달

해 일사불란하게 움직였기 때문이죠. 호지명은 성자의 모습을 지니고 있습니다. 호지명은 평생 나라를 위해서만 살았고 결혼을 하지 않았습니다. 그가 죽었을 때 그의 통장엔 단 한푼의 돈도 없었으며 그가 소유한 단 한평의 땅도 없었습니다. 두칸 짜리 초라한 집무실에 타이어를 기워만든 샌달이 있었을 뿐이죠. 후사가 없으니 군더더기 잡말이 생겨날 아무 건덕지가 없는 것이죠. 그리고 호지명은 단순한 게릴라 파이터가 아니라, 대단한 지식인이었습니다. 맹렬하게 민족주의적인 한학자의 아들로 태어나 한때 판티엘에서 초등학교선생을 했지만 1911년 불란서 선박에 조리사 조수로 취직하여 넓은 세계로 뛰어 들었습니다. 미국의 보스턴·뉴욕, 그리고 아프리카와 유럽의 각지를 항해합니다. 그리고 런던에서 정착해 살다가 파리로 옮겨 그곳에서 불란서 사회주의자들과 연분을 맺고 1920년에 결성된 불

호지명과 주은래

란서 공산당의 창립멤버가 됩니다. 1923년 모스크바로 가서 인
터내셔날에 참여했고 중국 광주(廣州)로 파견됩니다. 그곳에서
베트남청년혁명동지회를 결성하지요. 그것이 결국 월남공산
당으로 발전케 되지요. 1941년 꼭 30년만에 베트남으로 돌아
와 독립운동을 전개했고 1945년 8월혁명(August Revolution)을
통해 월남전역을 장악합니다. 1945년 9월 2일 그는 하노이의
바딘광장에서 그가 직접 쓴 독립선언문을 낭독하지요. 그 독립
선언문은 미국독립선언문을 본딴 것이었습니다: '우리는 다음

과 같은 것들을 자명한 진리라고 생각한다. 모든 인민은 평등하게 태어났으며, 조물주는 몇 개의 양도할 수 없는 권리를 부여했는데, 그러한 권리중에는 생명과 자유와 행복의 추구가 있다.'"

─호지명은 통일을 보고 죽었습니까?

"아니죠. 통일 6년전 1969년 9월 2일 오전 9시 47분 하노이의 2층 집무실에서 눈을 감았습니다. 지금도 그가 눈을 감았던 그 소박한 침대를 직접 가서 확인해 보실 수 있습니다. 그런데 호지명의 위대성은 죽을 때까지 전쟁을 이기기 위하여 당면작전에만 전념한 것이 아니라 국가대계를 위하여 교육에 힘썼다는 것입니다. 그는 전쟁은 어차피 월남인민이 승리한다고 확신했습니다. 보다 더 중요한 문제는 전후의 국가미래라고 생각했습니다. 불란서와 미국과 기나긴 전쟁을 이끌면서, 그 어마어마한 폭탄세례의 와중에서도, 자그만치 5만명의 젊은이들을 외국에 유학시켰습니다. 불란서, 러시아, 중국, 그리고 북한에까지 유학시켰습니다. 바로 이 유학생들이 오늘의 월남을 이끌고 있는 것입니다. 호지명은 영어 · 불어 · 독일어 · 맨다린 중

太湖可比西湖美
西湖不若太湖寬
漁舟來往朝陽暖
桑稻滿田花滿山

朝末玲

一九六三年十二

호지명의 한시 진적

국어를 유창하게 말했고, 한시를 자유롭게 쓸 정도로 한문에 달통했습니다. 이러한 한학의 기반과 서양학문에 통달한 그의 혜안이 그의 도덕적 인격과 미래의 통찰력을 구성하고 있는 것입니다. 월남인민들은 30여년간 그의 리더십과 더불어 꾸준히 도덕화되어 온 것입니다. 한 위대한 지도자의 역량이 얼마나 무서운 것인가 하는 것을 우리는 월남역사의 교훈으로 얻을 수 있습니다."

순간 나는 예술은 방귀(Art is fart.)일뿐이라고 너털웃음을 지어대는 나의 친구 한대수, "장막을 걷어라! 나의 좁은 눈으로 이 세상을 떠보자! 창문을 열어라! 춤추는 산들바람을 한번 또 느껴보자! 청춘과 유혹의 뒷장 넘기며 광야는 넓어요 하늘은 또 푸르러요" 행복의 나라로 가자고 외치고 또 외치는 옥사나의 애인 한대수군이 생각났다. 최근 한대수는 앨범 제9집을 내면서 『마리화나』와 『호치민』을 동시에 불렀다. 그의 노래 『호치민』은 랩이라고 말하기에도 너무도 파격적인 일상적 톤으로 가사를 짖어댄다. 배경엔 강렬한 록음악이 깔리고….

호치민에 대해서 말하자면 참 재미있는 사람이에요. 그 사람은 학자의 집안이고, 불란서 점령 당시에 왜 서양세력이 자기 나라를 이렇게 장기간 동안 점령하느냐 거기에 대해서 고민하기 시작했죠. 그리고 또 워낙 문학가 집안이니까 여러 책을 보면서 연구를 하게되죠. 호치민 ! 호치민 ! 호치민 ! 그래서 적을, 적을 이기려면 적을 알아야한다는 요런 명언이 있으니간 불어를 열심히 공부를 하기 시작했어요. 그런데 불란서를 가야겠는데 유람선의 요리사 조수로 취직하게 됩니다. …… 다시 베트남으로 돌아옵니다. 미국이 이젠 등장하는데 그 부패된 고딘디엠 정부를 지원하면서 공산주의자라는 이유로 아주 지속된 전쟁의 끝없는 폭격, 약 3,200일의 끝없는 폭격을 밤낮으로 당하면서 미국의 강력한 군사력을 이겨낸 유일한 사람입니다. 호치민 ! 호치민 ! 호치민 !

내가 사실 호치민에 대해 처음 눈을 뜬 것은 한대수의 노래를 통해서였다. 예술가의 통찰력은 이와 같이 시대를 앞지른다. 우리나라의 어떠한 노래보다도 나는 한대수의 『호치민』에서 강렬한 메세지의 충격을 받았다. "3,200일의 끝없는 폭격을

지하벙커 옆의 집무실.
호치민은 그 극렬한 베트남전쟁을 이 소박한 집에서 다 치르었다.

밤낮으로 당하면서 미국의 강력한 군사력을 이겨낸 유일한 사람, 호치민!" 그가 집무실 곁에 숨어야 했던 지하벙커는 바로 우리나라 북한 동포들의 군사기술자가 가서 만들어 준 것이라 했다. 남한에서는 호치민을 죽이는데 일조를 했고, 북한에서는 호치민을 살리는데 일조를 했다. 세계사의 구비구비에 우리민족의 애환과 설움, 모순과 갈등이 이렇게 너울치고 있는 것이다.

오후 5시 45분, 내가 탄 비행기(VN829)는 우리에게는 사이공

앙코르 와트·월남 가다(上)

이라는 이름으로 익숙한 호치민시를 박차고 날았다. 사실 나는 탄 손 나트 VIP라운지에서 월남에 대한 충격을 받을 대로 받았다. 공항에서 입국하기도 전에 월남관광은 대강 끝나버린 셈이었다. 현지에서 애착을 가지고 생활하면서 느낀 사람의 체험에서 우러나오는 몇마디는 나의 감성의 코드들을 울리기에 충분했다. 대한항공 호치민시 지사장 이화석씨는 그곳 교민사회에서도 많은 일을 하고 사는 진취적인 한국인이었다. 나는 그를 만난 것을 천행으로 생각했다. 월남에 관한 한 그는 나의 훌륭한 스승이었다. 호치민시를 떠나면서 나에게 부러운 것은 호치민 밖에 없었다. 글쎄! 이승만, 김구, … 다 흘러가버린 이름들이지만 나에게 호치민 만큼의 강렬한 인상을 주지는 못했다. 인도의 마하트마 간디보다 더 크게 인류의 최근세사에서 평가되어야 할 인물이라면 월남의 호치민! 그리고 차라리 조선의 해월 최시형 선생을 꼽아야 할 것이다. 그리고 님 웰즈의 『아리랑』(Song of Arirang)의 주인공, 김산(장지락)이 떠올랐다. 만약 김산 같은 국제적 감각의 인물이 조선의 공산운동을 주도했더라면, 우리나라 최근세사의 명운이 달라졌을지도 모른다. 그러나 클레오파트라의 코같은 얘기는 끝이 없다. 우리의 관심은 미래에 있어야 하는 것이다.

비행기에서 바라본 톤레삽 호수

　내가 탄 비행기는 메콩델타 위 대평원을 가로질러 프놈펜 (Phnom Penh) 상공을 지나 톤레삽(Tonle Sap)이라고 하는 거대한 호수에 이르게 된다. 이 톤레삽이라고 하는 호수는 호북·호남을 가르는 동정호(洞庭湖)를 무색케하는 동아시아 최대의 호수다. 동정호의 물은 불어봤자 그 총면적은 2,860㎢밖에 되지 않는다. 그러나 톤레삽 호수는 우기때는 13,000㎢이상으로 불어난다.

　이 톤레삽 호수 바로 위에 씨엠립(Siem Reap)이라는 도시가

앙코르 와트·월남 가다(上)

톤레삽 주변 늪지대의 논

있다. 씨엠립이란 "샴족(Siem=Siam=타일랜드 사람들)을 물리쳤
다"는 의미인데, 바로 이 씨엠립이라는 작은 도시가 우리의 관
심을 끄는 앙코르 와트를 위시한 거대한 유적군의 게이트웨이
노릇을 하고 있는 것이다. 왜 하필 톤레삽이라는 거대호수 윗
지역에 인류문명의 찬란한 유적군이 자리잡고 있을까? 이것은
결코 우연이 아니다. 이 앙코르문명과 톤레삽 호수는 밀접한
관련이 있다.

문명(Civilization)이란 여러 측면에서 고찰될 수 있지만, 분명

자연에 항거하는 인간의 노력에서부터 시작된 것임에 틀림이 없다. 문명은 인간(人)이 개척한다(爲)는 의미에서 인위(人爲)에 속하는 것이다. 그런데 문명의 건설에는 에너지가 든다. 인류의 역사는 이 에너지를 효율적으로 개발해 온 역사라 할 수 있다. 지금은 석유니 전기니 하는 것들이 주종을 이루고 있지만 과거에는 문명의 건설에 소요되는 에너지의 99%가 인간의 근육에서 발생하는 에너지였다. 이 근육의 에너지는 어디서 오

크메르문명 에너지의 원천, 톤레삽 호수.
강인한 삶의 기가 느껴진다.

는가? 그것은 100% 식량이었다. 앙코르 유적군을 건설한 인간의 에너지와 톤레삽 호수는 어떠한 관계가 있을까?

우리 남한의 두배 정도 되는 캄보디아는(181,035㎢) 늪지대라고 말할 수 있을 정도의 낮은 거대한 평원이다. 그 가운데 톤레삽이라고 하는 이 거대한 호수가 자리잡고 있다. 톤레삽으로부터 프놈펜의 메콩강 본류까지 100㎞정도의 긴 지류가 연결되어 있다. 5월부터 10월까지는 습한 남서풍의 몬순이 강한 바람과 엄청난 량의 비를 몰고 온다. 그리고 11월부터 4월까지는 차겁고 건조한 북동풍의 몬순의 영향으로 거의 비가 내리지 않는다. 이 우기와 건기의 반복은 톤레삽호수에 재미난 변화를 가져온다. 우기때 메콩강의 수위가 높아지면 강물은 남쪽의 프놈펜에서 톤레삽 호수로 역류하여 흘러들어 간다. 그런데 건기에 메콩강의 물이 마르기 시작하면 톤레삽 호수의 풍부한 수량은 다시 메콩강의 본류로 빠져나가기 시작한다. 대개 10월말부터 톤레삽의 물은 프놈펜쪽으로 빠져나가기 시작한다. 건기에 호수의 물이 바닥을 칠 때는 2,500㎢정도의 면적이지만 호수의 수위가 가장 높은 때는 13,000㎢의 거대한 민물바다가 되어 버리는 것이다. 동정호만했던 것이 그 4 · 5배로 늘어나 버리는

톤레삽 호수 주변마을

것이다. 수심도 2.2m 정도에서 10m 정도로 깊어진다. 이러한 변화는 건기에 엄청난 광합성을 한 식물이 물에 잠기는 결과가 되어 비옥한 식물의 취락은 물고기들에게 절호의 산란의 보금 자리와 무제한의 식량을 제공한다. 톤레삽은 이 지구상에서 단위면적당 고기가 가장 많이 사는 호수라 할 수 있다. 1858년 메콩강을 거슬러 이 지역을 탐방했던 앙리 무오(Alexander Henri Mouhot, 1826~1861)는 일기에 다음과 같이 쓰고 있다: "고기가 너무 많아 노를 젓기가 힘들다." 1㎢당 10만톤의 고기가 잡힌다. 지금도 5만톤 정도는 잡힌다고 한다. 그물만 집어넣으면

앙코르 와트 동쪽회랑 부조.
우유바다휘젓기 신화의 한 장면이지만 톤레삽 호수 물고기의 체험이 반영된 조각이다.

가뜩 고기가 올라오는 것이다. 건기에 보통 고기잡으러 나갔다
하면 지금도 한나절에 100kg~200kg의 물고기는 거뜬히 건진
다고 한다. 톤레삽의 어획량만으로도 100만명의 인구는 충분
히 먹고 살 수 있다고 한다. 바로 250여종에 이르는 톤레삽의
물고기! 이 물고기가 제공하는 프로테인이야말로 앙코르 유
적군의 에너지의 원천이었던 것이다.

 자아! 캄보디아! 우리는 이 캄보디아를 어떻게 이해해야
할까? 캄보디아를 사전에서 찾으려면 우선 그 국명부터가 매

우 혼란스럽다. 캄보디아(Cambodia), 캄푸치아(Kampuchia, Campuchia, Kambuja), 크메르(Khmer, Kamar, Kimer, Komar, Kumar), 크메르 루즈(Khmer Rouge) 등, …… 물론 이 모든 단어들이 다 어원적으로 연결되어 있는 말이긴 하지만, 하여튼 우리에게 친숙한 캄보디아라는 말이 이제는 세계지도 위에 돌아왔다. 현재 공식명칭은 1993년 이래 "캄보디아왕국"(Kingdom of Cambodia)이다. 한마디 덧붙이자면, 우리가 여자 입술에 바르는 빠알간 립스틱을 "루즈"(rouge)라고 부른다. 그런데 캄보디아 말로도 "빨갛다"가 "루즈"다. 시아누크가 백성들의 정치 성향을 다섯 색깔로 분류했는데, 그때 빨간색으로 분류된 사람들이 "루즈"였다. 크메르 루즈란, 빨간 크메르인, 크메르의 빨갱이라는 뜻이다. 최근 그토록 국명이 많이 변했다는 것 자체가 20세기 후반의 냉전기, 파란만장한 세계사의 아픔이 이 캄보디아라는 평온한 농업국에 응축되어 있었다는 것을 의미한다. 그 아픔을 몸으로 당해야만 했던 것은 영문도 모르는 소리없는 캄보디아의 인민이었지만, 그 아픔을 끊임없이 생산하고 연출하고 주도한 것은 어디까지나 아메리카합중국, 그 위대한 자유의 나라 미국이었다.

캄보디아 하면 한국사람들의 상식적 의식계에 무슨 단어가 튀어오를까? 캄보디아라고 말만 하면, 제일 먼저 튀겨나오는 말은 압도적으로 "킬링 필드"(The Killing Fields)다. 그리고 폴 포트(Pol Pot), 시아누크(Norodom Sihanouk), 그리고 조금 고상한 사람이면 앙코르 와트(Angkor Wat) 정도의 단어가 튀어나온다. 그런데 우선 이 캄보디아의 씨엠립이라는 관문을 통과하기 전에, "킬링 필드" 이야기는 꼭 한마디 해놓고 시작해야 할 것 같다. "킬링 필드"란 실상 캄보디아 역사와는 아무런 직접적 관계가 없는 용어이다. 그것은 롤랑 조페(Roland Joffe, 1945~) 라는 영국 런던 출신의 감독이 1984년에 만든 영화의 제목이다. 이 영화는 그 해 미국 아카데미 수상식에서 3개 부문을 석권했다. 그런데 이 영화가 만들어진 시점은 아직도 크메르 루즈가 레지스탕스로 활약하고 있었던 시점이었다. 폴 포트의 크메르 루즈 정권은 1979년 1월 7일 축출되었지만 타일랜드 접경 지역에 숨어 암약을 하고 있었다. 폴 포트는 1998년 4월 15일에나 산 속의, 가구라고는 아무것도 없는 초라한 원두막집에서 단촐한 모습으로 숨을 거두었다.

한번 생각해보자! 킬링 필드! 한 독재자가 자기 인민을 이

넘적으로 개조하기 위해 200만을 학살했다 ! 과연 가능할까? 왜 무엇 때문에 어떻게 200만을 학살했을까? 아리안족의 위대성을 과시하기 위해 유대민족을 말살하려는 광분한 나치도 아니고, 자국민을 다스리기 위해서? 하여튼 세계여론에서 "킬링 필드 = 200만 학살 = 폴 포트"는 의심의 여지가 없는 공식이 되었다. 글쎄올시다 !

캄보디아 정국이 혼란의 와중으로 빠져든 직접 원인은 뭐니뭐니 해도 월남전이었다. 캄보디아의 근대사는 노로돔왕 1세 (King Norodom Ⅰ, 1860~1904 치세)가 타이와 베트남의 위협으로부터 자국의 영토를 보전하기 위하여 불란서보호령을 요청함으로써 시작되었다. 그런데 20세기에 접어들면서 노로돔왕을 승계한 왕들이 불란서 말을 잘 안듣자, 불란서 명령을 잘 들을 것이라고 생각하여 방계에서 간택한 인물이 당시 베트남 유학생이었던 시아누크(Norodom Sihanouk, 1922~)라는 18살의 청년이었다. 1941년 모니봉왕(King Monivong, 1927~41 치세)이 승하하자 불란서 총독 쟝 데꾸(Admiral Jean Decoux)는 시아누크의 대관식을 올린다. 그러나 불란서식민통치자들의 기대와는 달리 이 시아누크라는 인물은 캄보디아의 정치를 제멋대로 끌고간다. 시아누크! 오케스트라의 지휘자! 영화감독! 끝없는 사랑을 추구한 로만티스트! 그는 어떠한 이념에도 얽매여 살 수가 없었다. 그는 왕위를 포기하고 정치인으로 뛰어든다. 그러나 미국의 월남전개입이 깊어짐에 따라 시아누크는 미국의 눈에는 가시처럼 보였다. 서방세계에만 일편단심으로 충실한 이념의 소유자가 아니었기 때문이었다. 미 CIA는 시아누크가 1970년 3월 불란서순방길에 올랐을 때, 론 놀 장군(General Lon Nol)의 쿠데타를 성공시킨다. 시아누크는 부재중에 사형선고를 받았고, 망명정부를 북경에 세운다. 그리고 김일성 주석의 보호아래 평양에서 안락하지만 서글픈 세월을 보낸다.

완벽한 미국의 주구로서 엄청난 미국의 경제지원을 받으면서 관료부패의 극상을 노정시켰던 론 놀 정권(Lon Nol Regime, 1970~75)! 우리나라 "팍스컵"(Park's Cup, 박정희대통령배 국제축구대회)에서 론 놀 정권하의 크메르팀이 준우승을 했던 기억도 생생하지만, 론 놀은 캄보디아역사에서 되풀이되어서는 아니되는 비극이요 비참이요 비리였다. 이 론 놀 정권하에서 크메르 루즈가 인민의 동정을 얻으면서 창궐하기 시작하는 것이다. 결국 크메르 루즈는 반어적으로 말하자면 미국이 키운 것이다. 망명정부를 세운 시아누크는 잠정적으로 크메르 루즈를 지원한다. 루즈의 용사들은 폐위된 그들의 왕을 위하여 용감하게 싸웠다. 크메르 루즈는 1975년 4월 17일, 사이공이 함락되기 2주전 프놈펜을 함락한다. 론 놀은 이미 4월 1일 해외로 뺑소니를 쳐버린 후였다. 론 놀은 막강한 미국의 군사·경제지원에도 불구하고 한 순간도 크메르를 장악하지 못했다. 시아누크는 루즈의 승리를 축하하며 75년 9월 프놈펜으로 입성했지만 곧 왕궁에 연금되어버리는 신세가 된다. 크메르 루즈에서 시아누크가 설 자리는 없었던 것이다. 시아누크는 4년 후인 1979년 1월초, 월남이 개입하여 크메르 루즈를 격멸할 격랑기에나 다시 중국의 압력에 힘입어 북경으로 탈출하는데 성공한다! 자아! 숨막히는 캄보디아 현대사의 우여곡절은 어떠한 정치드라마보다도 재미있지만 더 자세한 내막은 독자들 스스로 아슬아슬한 시아누크의 생존사를 더듬어 그 스토리를 이어보길 바란다.

그런데, 크메르 루즈를 이끌어 간 폴 포트(Pol Pot, 1925~1998: 본명은 Saloth Sar)는 과연 어떠한 인물이었는가? 그는 콤퐁 톰(Kompong Thom)이라는 작은 농촌의 유족한 집안에서 태어났으며, 한때는 사찰에서 양육되었고 스님의 계를 받기도 했다. 그는 프놈펜의 공업학교에서 목공예를 전공하다가 1940년대에는 호치민의 항불투쟁에 참가하였고, 1946년에는 캄보디아 공산당의 창당멤버가 된다. 1949년 8월 국비장학생으로 불란서유학의 길에 올라 라디오 전자학(radio electronics)을 전공한다. 그는 1953년 1월 프놈펜으로 돌아왔고, 54년부터 63년까지 프놈펜에서 초등학교선생으로서 존경스러운 모습을 지니고 있었다.

자아! 한번 냉정하게 생각해보자! 아무리 빨갱이(루즈)라 할지라도 어려서 스님 노릇을 했고 선각자로서 불란서유학을 했으며 귀국해서는 학교선생님으로서 훌륭한 교육자의 모습을 지녔던 인물이 자국민을 200만이나 학살하는 무자비하고 파렴치한 흡혈귀로 변신할 수 있을까? 『킬링 필드』라는 영화에서 얻는 인상을 우리는 그대로 캄보디아의 진실로서 받아들여야 할 것인가? 롤랑 조페의 작품들을 한번 보자! 『킬링 필드』(1984), 『밋션』(The Mission, 1986), 『시티 오브 조이』(City of Joy, 1992). 이 작품들의 공통된 주제는 매우 명료하다. 서양인들은 위대한 휴매니즘의 전통을 지닌 우월한 인종이다. 이들은 타문화권에서 희생적인 정신으로 그들을 계도해야 할 역사적 밋션이 있다. 이 주제를 그는 아시아에서, 남미에서, 인도에서 전개시켰다. 그는 영화를 잘 만든다. 설득력이 엄청 강하다. 『밋션』을 관람하는 조선의 기독교인들은 십자가에 못박혀 장대한 폭포에서 떨어지는 스페인신부들의 모습을 보고 눈이 퉁퉁 붓도록 울지 않는 사람은 한사람도 없다. 그러나 사실 역사의 실상은 정반대였다. 스페인의 신부들은 남미의 문화를 처절히 파괴시켰고 『성경』으로 가장된 폭력의 칼을 처참히 휘둘렀다. 그러나 『밋션』의 감동은 제국주의적 밋션에 충실한 신부들의 휴매니즘을 위대한 인간승리로 둔갑시킨다. 『킬링 필드』 또한 우리에게 그러한 둔갑의 마술을 부리고 있는 것은 아닐까?

아마도 많은 사람들이 프란시스 코폴라 감독의 『지옥의 묵시록』(Apocalypse Now, 1979)이라는 걸작영화를 아직도 생생하게 기억할 것이다. 미국의 전설적인 군인 커츠대령(말론 브란도 분)을 암살하라는 지령을 받고 메콩강을 거슬러 올라가는 윌라드 대위 ! 그런데 커츠가 살고 있었던 그 신비로운 종교적 왕국이 위치한 곳은 베트남영토가 아닌 캄보디아영토였다. 월남전에서 가장 문제가 되었던 것은 결국 "호지명 루트"(the Ho

Chi Minh Trail)였다. 베트콩의 사이공지역침투는 모두 이 루트를 통하여 이루어진 것이다. 전쟁의 승패는 곧 이 루트를 어떻게 봉쇄시키냐에 달려 있었다. 그런데 이 루트는 라오스와 타이의 국경을 따라 캄보디아의 대평원을 가로질러 베트남의 최남단인 메콩델타를 흘러내려 가는 메콩강을 중심으로 거미줄처럼 얽혀있다.

미국이 론 놀이라는 괴뢰정권을 세운 가장 중요한 이유는 바로 호지명루트를 봉쇄하기 위하여 마음놓고 캄보디아에 폭격을 가하기 위해서였다. 미 국방부는 1969년부터 캄보디아를 폭격할 비밀플랜을 세웠다. 그리고 1973년 8월 미 의회가 폭격중지를 명령할 때까지 4년동안 캄보디아 동반부에 해당되는 광활한 지역에 B-52 폭격기로 무려 53만 9,129톤에 이르는 막대한 폭탄을 투하하였다. 불바다를 이루는 네이팜탄, 고엽제로 악명높은 에이전트 오렌지, 지랄스럽게 마구 사람을 살상하는 클러스터 밤, 무차별한 융단폭격을 감행하였다. 시민들에게 공습경고도 한번 내린 적이 없었고, 군 명령과 보고체계가 전적으로 무시되었으며, 폭격의 사실조차 공식적으로 철저히 은폐되었다. 캄보디아의 양민들은 시도 때도 없이 떨어지는 폭격속에 집을 잃고 가족을 잃었다. 최소한 60~80만의 인구가 이미 폭격으로 목숨을 잃었던 것이다. 크메르 루즈는 이러한 상황에서 인민들의 동정을 얻었고, 그들의 복수심은 불타올랐다.

크메르 루즈가 1975년 정권을 장악하였을 때는 미군폭격의 피해가 극도에 달했으며 온 국가가 기아와 질병에 시달렸다. 게다가 미국은 인도차이나를 방기한 후에는 일체의 경제원조뿐 아니라 인도주의적 지원까지도 중단하였다. 이러한 상황에서 폴 포트가 취할 수 있었던 유일한 생존의 길은 무엇인가? 하루바삐 피폐화된 농촌을 재건하여 식량을 생산하는 일이었다. 도시로부터의 강제소거가 시작되었고 물론 이러한 과정에서 불평분자들, 론 놀 정권에 아부하고 타협한 반동분자들은 가차없이 처형되었다. 약 10만명의 반동·불평분자들이 처형된 것은 사실이다. 이 과정에서 엄청난 무리가 있었을 것은 뻔한 일이다. 인간의 무지의 만행을 어찌 다 헤아릴 수 있으랴! 그러나 폴 포트 정권의 킬링 필드에서 200만이 희생되었다는 세설은 과장된 허언이다. 폴 포트 정권시기만에 한정하면 30만정도로 추산된다. 그리고 그 대부분의 책임은 미국의 것이다. 민중이 죽어간 것은 단시간에 국가를 재건하려는 무리한 과정에서 일어난 기아와 질병이 원인이었다. 폴 포트는 200만을 학살한 흡혈귀로서 지탄의 대상이 되고, 그 대부분의 원인을 초래한 정책의 주인공인 헨리 키신저는 노벨평화상 수상자로서 칭송되는 논리는 국제사회의 정의를 눈멀게 만드는 기만이요 기략이다.

폴 포트는 과연 어떤 생각을 가진 사람이었을까? 그의 국가적 비젼은 무엇이었을까? 그의 철학은 무엇일까? 폴 포트를 나는 옹호하려는 생각은 없다. 그는 평생 인터뷰를 거부했고 대중에 나타나기를 꺼려했다. 따라서 그에 관한 조직적인 자료들이 희박하다. 그는 그 인간에 관한 모든 에니그마를 무덤속으로 같이 파묻어 버렸다.

폴 포트는 물론 공산주의자였지만, 그의 공산주의는 프롤레타리아혁명을 꿈꾸는 계급투쟁의 이론이 아니었다. 그는 그가 처한 캄보디아 인민의 현실을 잘 알고 있었고 찬란한 고대크메르왕국의 문화전통에 대한 무한한 자부심이 있었다. 그리고 마오이즘을 받아들이면서 일종의 노자(老子)적 자연주의에 대한 깊은 애착을 갖게 되었다. 그가 생각한 유토피아적 구상은 사회주의적 평등관(socialistic egalitarianism)과 반문명주의적 농

정문을 지키고 우뚝 서있는 사자 불알 사이로 보이는 앙코르 와트. 폴 포트는 이런 크메르제국의 영화에 대한 무한한 신뢰를 가진 사람이었을 것이다.

업주의(co□□er-cultu□ □grarianism)를 구현하는 어떤 사회였다. 그의 유토피□□에는 생존□□절박함과 목가적 자연주의, 반문명적 무위론이 □□되어 있었□□

즉 도시문명의 □□□는 결국 주□□성의 상실과 제국주의에의 예속을 가져온다는 □□□이다. 폴 포트는 결코 사치스러운 생활을 해본 적이 없으며 그의 철학대로 검약□고 검소하고 검박하게 살았다. 그러나 그만큼 □□에 대한 용□□나, 죄악에 대한 용인이 없는 엄격한 도덕주의를 실천한 □□이었다. 그를 만난 모든 사람의 증언의 공통분모는 폴 포트가 지극히 소박하고 인자하며 평온한(genial) 사람이었다는 것이다. 그러나 그의 카리스마의 배면에는 차가운 잔인함이 깔려있었을 것이다. 나는 "킬링 필드"라고 규정짓는 폴 포트의 실험은 인류사에서 유례를 보기 힘든 반문명론적 자연주의의 과격한 실천이었다고 규정한다. 그러나 이러한 실험이 살아남을 챈스는 희박했다.

첫째, 그는 과도하게 맹렬한 반베트남적인 민족주의를 가지고 있었다. 사회주의의 보편주의적 사고를 차단했다. 결국 그는 그의 자연주의적 실험을 현실화시키기도 전에 불필요한 적을 끌어들였다.

둘째, 그는 너무 과격하고 급격했다. 나는 그의 과격성과 급격성은 미국의 무차별한 폭력적 파괴가 야기시켜놓은 절박한 반동이었다고 생각한다. 그러나 지나친 과격성은 부패를 극적으로 청산할 수는 있으나 인간을 감복시키는 데는 이르지 못한다. 그는 척결에는 성공했지만 건설과 유지에는 실패했다.

셋째, 그의 비젼은 이미 그가 당면한 국제사회의 현실에서는 살아남기 어려운 순결성이었다. 세계화의 압력에 견딜 수 없는 주체성이었다. 모든 사람의 증오를 불러일으켰다.

현재의 캄보디아사회의 모든 죄악의 책임은 폴 포트에게로 돌려지고 있다. 이것은 월남의 침공을 정당한 것으로 만들고, 미국의 횡포와 만행을 위장시켜 주며, 부패한 모든 자국민의 보수세력을 행복하게 만든다. 이것은 분명 캄보디아의 건강한 미래를 위하여 바람직한 사태가 아니다. 나는 실패로 끝나버릴 수밖에 없었던 실험이었지만 폴 포트의 유토피아는 결코 지탄되기만 해야 할 죄악은 아니었다고 생각한다. 그 나름대로의 논리가 국제적 환경 속에서 자생력을 가질 수만 있었다고 한다면 새로운 인간사회 논리가 개발될 수도 있었던 실험이었다고 생각한다. 우리는 인류의 역사를 공정하게 바라봐야 한다. 캄보디아로 들어가는 길목에서 내가 다짐해야 할 숙제는 나 자신의 인식을 전환하는 것이었다.

후끈한 열대공기 속에 내가 도착한 곳은 "씨엠립 앙코르 국내선 터미널"(Siem Reap Angkor le Terminal Domestique)이라는 간판이 눈에 뜨이는 아주 소박한 모습의 공항이었다. 꼭 아프리카 내륙에 온 느낌이었다. 첫 인상은 너무도 짙은 쵸코렡 빛

깔의 황토색이었다.

공항에는 서울·코리아를 축약한 세코(SEKO)라는 이름의 관광사에서 나온 28인승의 아시아 모터스 중형뻐스가 기다리고 있었다. 쑥색의 뻐스에 오르자 아주 담박한 모습의 청년이 인사를 했다. 세코관광사 사장이라 했다. 이름은 서성호(徐成鎬). 세코는 씨엠립에 정착한 최초의 한국관광업체라고 했다.

"월남은 공산국가이지만, 여기 캄보디아는 입헌군주제의 민주주의국가입니다. 킹덤 어브 캄보디아(Kingdom of Cambodia)에 오신 것을 환영합니다. 지금 이 차가 달리고 있는 6번고속도로(우리나라 지방도로 수준)는 앞으로 계속 가면 프놈펜으로 가고 뒤로 가면 방콕에 이르지요. 바로 여기서부터 20㎞ 반경내에 124개의 유적이 있습니다. 앙코르 와트는 그 중의 하나일 뿐이지요. 캄보디아 사람들은 그동안 너무도 참혹한 시련속에서 살아왔습니다. 60년대만 해도 캄보디아가 우리보다 더 잘 살았습니다. 그런데 지금은 모든 사회인프라가 파괴되어 쌀도 수입하고 있는 매우 빈곤한 나라입니다.(라오스와 더불어 세계최빈국가로 꼽힌다.) 그리고 전기와 전화요금이 무척 비쌉니다. 완벽한 평지래서 수차가 없어 물은 많아도 수력발전을 일으킬 수가 없습니다. 대부분의 전기가 자가발전 형태이지요. 그러나 캄보디아 사람들은 가난하지만 정직하고 순박하며 비굴하지 않습니다. 그리고 외국인들에 친절하고 따뜻합니다. 강도나 소매치기는 거의 없습니다. 이 문명을 한국인의 눈으로 바라보지 마시고, 캄보디아인의 시각으로 이해해주셨으면 합니다. 캄보디아의 현실은 멀지않은 우리의 과거였으니까요."

나는 서성호 사장의 간결한 인사말 속에 함축된 의미가 매우 의미심장하다고 느꼈다. 뒤늦게 알았지만 서성호 사장은 연세대 신방과를 나온 수재였다(81학번). 우연히 캄보디아에 여행왔다가 앙코르의 유적군과 이곳 인심에 매료되어 아예 관광사를 차리고 눌러앉아 버렸다고 했다. 그의 지식은 매우 학구적이었으며 체계적인 역사인식에 기초하고 있었다. 씨엠립에 닷새를 머무르는 동안 나는 그로부터 많은 것을 배웠다. 그는 캄보디아 문명에 관한 한 훌륭한 교사였다. 캄보디아의 역사에 관한 나의 통찰이 상당부분 그로부터 계발받은 것이다. 그는 모험을 사랑하는 매우 진취적인 한국인이었다.

이날 우리 일행이 묵은 호텔은 6번도로상에 있는 압사라 앙코르 호텔(Apsara Angkor Hotel)이었는데 매우 정감이 가는 아름다운 호텔이었다. 요번 여행을 통틀어 내가 묵은 호텔 중에서는 가장 좋은 호텔이었다. 에어콘이 있었지만, 에어콘을 끄면 완벽하게 자연으로 돌아가는 그런 방이었다. 곰팡이 내음새가 전혀 없었다. 중앙냉방의 냉기가 스위치를 꺼도 여전히 음산한 기운을 발하는 그런 곳이 아니었다. 완벽하게 문명으로부터 차단된 태고의 후끈함을 느끼며 나는 깊은 잠 속으로 곯아떨어졌다.

씨엠립 석양

우리가 묵은 압사라 앙코르 호텔에서 바라본 첫 새벽하늘

6시경, 방 커튼을 찬란하게 뚫고 들어오는 새벽 햇살에 눈을 떴다. 거대한 야자수잎들이 쫘악 깔린 대평원 위로 버얼건 태양이 떠오르고 있었다. 내가 묵은 방은 355호실. 3층 발코니에 나가보니 일행 중 몇사람은 아래 정원에서 수영을 즐기고 있었다. 깨끗하고 아담한 풀이 있었다. 물이 아주 싱그럽게 보였다.

"여보! 밤새 뭔가 창문 두드리는 소리 못들었어요?"
"아~니."

나는 워낙 깊이 잠들었기 때문에 못들었지만 아내는 딱따구리가 창문을 쪼는 듯한 소리를 세 번이나 듣고 깼다는 것이다. 창밖을 봐도 아무것도 없었다는 것이다. 나중에 서성호 사장에게 물어보아도 그런 이야기는 처음 듣는다고 했다. 그런데 옆방에서 묵었던 일행도 같은 소리를 들었다 했다. 며칠 묵는 동안 결국 그 비밀을 알아냈다. 그것은 벽에 붙어 모기나 벌레를 먹고사는 도마뱀과의 "께꼬"(작은 놈은 "진쩌")라는 놈이 지어내는 소리였다. 나는 대만유학생이다. 내가 산 대만대학교 기숙사벽에는 이 도마뱀이 항상 수백마리 붙어있다. 중국에서는 그것을 "벽의 호랑이," 벽호(壁虎)라고 부른다. 이 벽호는 우리가 아는 도마뱀과는 생기기는 똑같이 생겼지만 전혀 성격이 다른 것이다. 그리고 색깔이 희멀건한 살색에 가깝다. 이 벽호는 인간에게 매우 이로운 이충이기 때문에 인간과 더불어 산다. 집벽에 붙어 온갖 벌레를 제거시켜 준다. 그런데 대만의 벽호는 전혀 소리를 내지 않는다. 그런데 캄보디아의 벽호는 마치 창문을 두드리는 듯한 소리를 가끔 내는 것이다. 참 희한했다.

오늘 드디어 앙코르 유적군의 최고층대를 찾아보기로 하였다. 그런데 먼저 우리는 캄보디아의 역사를 어떻게 이해해야 할 것인가에 대해 잠깐 생각해볼 필요가 있다.

인도차이나(Indochina)! 우리는 이런 말을 쓸때 그 말의 의미를 정확히 이해하고 쓸 필요가 있다. 인도차이나라는 말은 불란서 사람들이 이 지역에 식민지를 개척하면서 쓴 말로서 구체적으로는 불란서연합(The French Union)에서 속한 세 나라, 베트남, 라오스, 캄보디아를 지칭하는 말이다.(문헌상 1845년에 처음 등장. 식민지개척은 1858~93년.) 그러니까 엄밀하게는 이 인도차이나라는 개념 속에는 타일랜드라든가, 미얀마, 말레이시아는 들어가지 않는다. 그런데 인도차이나라는 말은 잘 생각해 보면 매우 기분나쁜 말이다. 인도와 중국(차이나)사이에 있다고 해서 그냥 붙여진 이름이기 때문이다. 다시 말해서 이 인도차이나라는 말은 이 지역문명의 독자성을 흐려버리게 만들 수가 있는 것이다. 그러나 분명 이 지역문명의 젖줄은 인도와 중국의 근원으로부터 흘러나온 것이다. 대체적으로 월남은 중국의 영향을 더 크게 받았고 캄보디아는 인도의 영향권이었다고 보면 그 문명의 전모가 쉽게 파악이 된다. 지형적으로도 월남은 중국대륙에 직접 연접해있고 캄보디아는 인도 벵갈만의 해류의 범위 속에 들어 있다. 사실 베트남이라고 하는 것은 역사적으로 하노이(河內) 홍강(紅江, Song Hong) 델타지역을 가리키는 것이며, 지금의 중부·남부 베트남지역은 역사적으로는 캄보디아의 영토였다. 결국 북베트남문화가 점점 남베트남으로 뻐쳐내려간 것이다. 월남과 캄보디아를 비교할 때 가장 큰

차이가 나는 것은 유교의 유무다. 월남에서는 유교 즉 공자·맹자의 훈도를 쉽사리 느낄 수 있다. 월남인들의 냉철한 현실감각은 역시 유교에서 오는 것이다. 그런데 캄보디아에 오면 공자·맹자는 입김도 서리지 않는다. 완전히 시바나 비슈누, 브라만성직자들, 산스크리트 텍스트, 온갖 힌두신들과 여신들, 신화적 우주와 별자리들로 도배질되어 버린다. 베트남과 캄보디아의 대비는 우리에게 중국문명과 인도문명의 극적 대비를 절감케 한다. 인도문명이 신화적이라고 한다면 중국문명은 역시 인문적이라 할 수밖에 없다. 물론 이것은 대체적 성향만을 지칭한 것이다.

인도문명 Indian Civilization	중국문명 Chinese Civilization
신화적 mythological	인문적 humanistic

독자들은 와신상담(臥薪嘗膽)의 주인공 월왕(越王) 구천(勾踐)

이나, 오월동주(吳越同舟)니 하는 춘추시대의 고사를 기억할 것이다. 이때의 월나라가 곧 "비엩남"(Vietnam)의 "비엩"(越)이다. 물론 이 춘추시대의 월나라와 오늘의 베트남종족 사이에 얼마나 확실한 관계가 있는가 하는 것은 막연한 고대사의 추론에 속하는 것이지만, 월(越)은 분명 한족이 아니었다. 이들은 강소성(江蘇省) 지역으로부터 점점 밀려났다. 중국인들은 이 월나라사람들로서 광동·광서 이남의 남쪽에 자리잡고 있는 사람들을 남월(南越)사람들이라 불렀다. 그런데 베트남말로는 형용사가 항상 뒤로 가기 때문에 "월남"(越南)이 된 것이다.

베트남은 중국의 한무제가 한반도에 한사군을 설치할 때, 마찬가지로 중국에 복속되었다. 한무제는 광동·광서에 4군을 설치하고 홍강델타지역에 3군을 설치하였던 것이다(BC 111). 우리나라는 강성한 고구려의 활약으로 한사군을 물리쳐버렸지만(AD 313), 중국의 월남지배는 당(唐)이 망할 때까지 1천여년을 지속한다(AD 938). 그러니깐 월남은 중국의 직접지배하에서 1천여년을 지냈던 것이다.

캄보디아(크메르)의 역사에 관하여 우리가 알 수 있는 직접적

프레아 코
문설주
산스크리트
기록

문헌자료라는 것은 거의 없다. 고대사에 관하여 알 수 있는 것은 모두 중국문헌이나 후대의 금석문자료에 의거하여 재구성된 것이다. 후대의 제왕들은 사원을 지으면서 그 사원의 기둥과 문틀, 그리고 벽면에 중요한 기록을 산스크리트어로 새겨넣었던 것이다.

캄보디아의 건국신화는 다음과 같다.(베트남 참파의 미손유적에서 발견된 658년의 산스크리트어 비문에 적힌 중국사신의 전언.) 인도의 한 브라만계급의 카운디냐(Kaundinya)라는 청년이 꿈속에서 창조의 신 브라흐마의 계시를 받는다: "동쪽으로 가서 새 땅을 찾아라 ! 가는 길 큰 나무밑에 활과 화살이 있을 것이다. 가지고 가라 !" 카운디냐가 탄 배가 캄보디아지역을 접근했을 때, 나신의 여자군대로 구성된 함대가 카운디냐를 막았다. 카운디냐가 신비로운 화살을 쏘자 이 용맹스러운 나체의 여자들은 쉽사리 굴복되었다. 그들의 대장은 소마(Soma)라는 나신의 아름다운 공주였다. 이 발가벗은 공주를 그냥 쳐다보기가 민망해서 카운디냐는 입고 있던 천으로 된 겉옷을 벗어 공주의 아래를 가려주었다. 공주는 무릎꿇고 자기 몸을 가려주는 훤칠한 청년의 모습에 홀딱 반해버린다. 그리고 사랑에 빠져 곧 결혼을 하기에 이른다. 그런데 소마공주는 나가라자(Nagaraja), 즉 용왕의 딸이었다. 지참금 대신 용왕은 물에 잠겨 있던 대지의 물을 들이켜 새 땅을 드러나게 만든다. 그리고 그 새 땅을 카운디냐에게 지배하라고 준다. 그 왕국은 캄부자(Kambuja)라고 불리게 되었다. 캄부자는 "캄부의 후예들"이라는 뜻이다. 캄부와 카운디냐와 관계가 있거나, 쩐라왕국의 시조라고 불리우는 깜부싸와 얌푸와와 관계가 있다고 추론되고 있다.

우리는 이 건국신화에서 많은 사실을 읽어낼 수 있다.

첫째, 캄보디아의 고대문화는 인도로부터의 이주민세력과 이곳 지역의 토착세력과의 습합으로 이루어졌다는 것을 알 수 있다. 그리고 아마도 이 지역의 지배층은, 일본 고대문명의 천황족이 한반도에서 이주해간 세력이듯이, 인도의 브라만이나

앙코르 와트 제3회랑 동쪽. 우유바다휘젓기 신화 부조.

나가 몸통으로 신과 악마가 줄다리기를 하고 있다.

크샤트리야계급, 혹은 인도의 문화를 전승한 벵갈지역의 평범한 사람들일 수 있다.

둘째, 캄보디아에는 이 인도문화세력에 대항하는 원시적인 토착세력이 있었으며, 이들은 주로 나가(Naga)신앙을 토템으로 하는 종족이었다. 그러나 이들은 인도로부터의 문화세력에 곧 굴복하고 말았고 평화로운 화해의 길을 걸었다. 최소한 인도로부터의 지배자들은 잔인하지 않았으며 이 신천지에 새롭게 정착하려는 의지를 지닌 사람들이었다.

셋째, 캄보디아지역은 지금으로부터 6,000년 전만 해도 물에 잠긴 지역이었는데 메콩델타로부터의 침적으로 인하여 융기된 것이며, 농사에 이상적인 미네랄이 풍부한 지대로 변모한 것이다. 지금도 대다수의 사람들이 나무로 각주(脚柱)를 만들어 한 층을 높인 원두막스타일의 집에서 살고 있는데, 이런 가옥구조는 수상에서 살았던 그들의 과거체험을 반영하는 것이다. 이러한 체험이 용왕의 물들이킴으로 표현된 것이다.

넷째, 이 지역의 사람들은 완전 나체로 살았으며 문명의 훈도를 받은 후에도 상체는 가리지 않고 살았다는 것을 알 수 있다. 사원 부조에 요염하게 젖통을 드러내놓고 있는 여신상이나 압사라(요정)의 모습은 불란서식민지가 되기 이전까지의 이곳 사람들의 현실적 의상이나 생활상을 나타내고 있다.

다섯째, 결혼의 유습이 지금도 남자가 여자집에 와서 사는 매트리로칼(matrilocal)의 모계구도로 되어있다. 지금도 한집 한방에 여러 사위들이 같이 사는 현상을 쉽게 목격할 수 있다. 그 집과 유산은 항상 큰딸의 몫이다.

아주 평범한 서민가옥. 원두막 같이 생긴 큰 실내에 방들은 분할구조로 되어있다.

한국의 역사! 그러면 대강 신라·고려·조선 정도의 단어는 머리에 떠올라야 한다. 캄보디아의 역사! 후우난(扶南)시대·쩐라(眞臘)시대·앙코르시대, 이 세 단어 정도만 머리에 넣고 있는 것이 좋겠다. 후우난은 부족국가시대로서 AD 1세기로부터 한 6세기정도까지를 잡고, 쩐라는 6세기로부터 8세기 말까지의 통일왕권이 형성되어가는 시기로 볼 수 있을 것 같다. 아주 본격적인 통일왕조의 문명시기는 쟈바(인도네시아)의 지배로부터 캄보디아를 해방시킨 자야바르만 2세가 AD 802년 앙코르의 동북 30㎞에 있는 프놈 쿨렌(Phnom Kulen)이라는 성산에서 자신을 데바라자(devaraja, god king, 神王)로서 선포한 크메르제국 시기로부터 1431년 샴족(타일랜드)이 기울어가고 있었던 크메르제국을 초토화시키기까지의 앙코르 유적군의 시기, 즉 앙코르시대에 해당된다. 우리의 관심은 이 제3의 크메르제국시기, 즉 앙코르시대로 집중되는 것이다.

그러니까 앙코르문명은 통일신라중기로부터(802년에 해인사 창건) 조선초기 세종조에까지 이르는 장수왕조로서 그 전성기는 우리나라의 고려에 해당된다고 보면 된다. 중국왕조로 보아도 당(唐)·송(宋)·원(元)·명(明)에 걸치고 있다.

Funan Period 扶南시대	AD 1세기~AD 550년경
Chenla Period 眞臘시대	AD 550년경~802
Angkor Period 앙코르시대	AD 802~1432

앞서 언급한 바 있지만, 캄보디아의 역사는 19세기말기부터 나 불란서의 극동학원(EFEO) 연구자들에 의하여 정리되기 시작한 것이며, 그 원사료는 유적 속에 금석문 외로는 거의 중국 사료에 의존하는 것이다. 따라서 후우난은 "부남"(扶南, Funan)의 음사일 뿐인데 씨케이시스템(최영애−김용옥 표기법)에 의하면 "f"발음은, "h"발음의 "후"와 대비되어, "후우"로 표기하기 때문에 그렇게 적은 것이다. 그런데 "쩐라"(씨케이시스템으로는 "전라")를 보통 "첼라"라고 표기하고 있는데 이것은 매우 몰상식한 착오일 뿐이다. "진랍"(眞臘)을 불란서학자들이 의거한 웨이드−자일 시스템 표기에 의하면 "chen-la"가 되는데, 이것

앙코르 와트를 건립한 수리야바르만 2세. 14개의 양산이 그의 권위를 나타낸다. 앞뒤로 94m에 이르는 장대한 행렬이 있다. 신화적 세계와 역사적 사실이 같이 새겨져 있는 것이 크메르예술의 특징이다.

은 "쩐라"라는 발음의 로마자약속에 불과한 것이며, 상식적 느낌으로 "첸라(첼라)"라고 읽어서는 아니되는 것이다. 현재의 한어병음표기는 "zhen-la"로 된다. "진랍"(眞臘)이란 중국 원나라때 통용된 표기인데 그것은 "tṣiənla"로 정확히 재구성되는 것이다. 따라서 웨이드─자일 시스템표기에 대한 몰이해 때문에 "첼라"라 읽는 것은 부당하다. "진랍"(眞臘)에 해당되는 크메르어도 분명 송기음(送氣音, 有氣音)이 아닌 "쩐라"에 가까운 그 무엇이었을 것이다. 만약 "첼라"와 같은 송기음이었다면 "진랍"(陳臘)으로 표기되었을 것이다.

"앙코르시대"라는 것도 불란서학자들이 임의로 붙인 이름이다. 앙코르(Angkor)는 현지말 옹코르(Ongkor)와 관련된 것으로 제도(帝都), 왕도(王都), 도시(都市)의 뜻이다. "앙코르 와트"란 제도의 사원이란 뜻이며, 이 제도에 존재하는 수많은 사원중의 하나일 뿐이다.

남의 나라 역사를 운운할 때, 자질구레한 역사적 사실에 관한 지식이 그 으뜸가는 중요성을 차지하는 것은 아니다. 역사란 궁극적으로 의미체다. 캄보디아 사람들도 캄보디아 역사를 모르는 채 그냥 하루하루를 살아가고 있다. 한국사람도 대다수가 한국역사를 모른다. 그러나 역사적 사실을 모르는 한국인들일지라도 한국의 역사를 생각할 때 몇 가지 막연한 사실(史實)체계들이 그들의 삶에 어떤 의미를 형성하고 있는 것이다. 몇 대조 할아버지가 어떤 사람이었다든가, 어떤 왕조가 어떤 상황에서 찬란한 전승을 거두었다든가, 낙랑공주가 호동왕자와 가슴 아픈 사랑을 나누었다든가…… 사실 역사라는 것은 이런 것들이다.

이 세계의 역사학의 대가라고 하는 사람들은 캄보디아의 역사를 잘 알고 있을까? 20세기 역사학의 최고 대가로 존숭받는 아놀드 토인비(Arnold Toynbee, 1889~1975)는 과연 캄보디아 역사를 잘 알고 있었을까? 재미있게도 20세기 역사학의 기념비적인 저서라고 하는 12권의 방대한 『역사의 연구』(*A Study of History*)에 기본적으로 캄보디아의 역사, 그리고 인도차이나의 역사는 거의 등장하지 않는다. 앙코르 와트라는 인류사의 기적적인 에디피스의 생성이나 소멸에 관해서 아무런 체계적인 언급이 없다. 단지 "자연의 회귀"(The Return of Nature)의 한 사례로서 덩쿨숲으로 뒤덮여버린 그 폐허(the creeper-covered ruins of Angkor Wat)에 대한 언급이 한두 줄 있을 뿐이다. "자연의 회귀"란 "도전과 응전"(Challenge-and-Response)의 액션이 사라지면 자연은 항시 회귀하면서 인간에 대한 보복을 감행한다는 것이다.

토인비의 『역사의 연구』를 보면 왜 미국이나 불란서와 같은 강대국이 인도차이나에서 질 수밖에 없었는지에 대한 해답이

앙코르지역 전체가 이러한 밀림의 바다이다.
앙코르지역내에서 유일한 산인 프놈 바켕에서 촬영.

명료해진다. 그들은 근원적으로 아시아를 이해하지 못했고, 인도차이나를 이해하지 못했다. 토인비의 말대로, 과연 인류의 문명은 그가 『욥기』나 『파우스트』적인 발상에서 빌려왔다고 하는, 도전과 응전의 도식 속에서만 태어나는 것일까? 과연 인간의 문명은 그렇게 단절적인 유니트로, 마치 퀀텀입자들의 도약처럼 그렇게 불연속적으로 이해되어야만 하는 것일까? 문명의 단위의 맵을 우리는 과연 어떻게 설정해야 할까? 중국문명과 일본문명은 독자적인 문명권으로 설정되면서 그 사이에 낀 한국문명은 위성적인 들러리로 취급되어야만 하는 것일까?

　나는 어려서부터 토인비의 방대한 스케일의 『역사의 연구』의 위용에 짓눌려왔다. 어떻게 저 영국의 노신사 석학은 저다지도 박식한 지식과 통찰을 가지고 이 지구의 구석구석을 다 헤집어 놓았을까? 언제나 나도 저렇게 글을 쓸 수 있을까 하고⋯ 그런데 요즈음 『역사의 연구』 12권을 헤쳐보면, 솔직히 말해서 어렸을 때의 선망과 환상에 대한 배신감을 느낀다기 보다는 인간의 지적 노력에 대한 비애로운 허무감이 나 자신을 스스로 자조케 만든다. 도전과 응전이라는 관념적 가설(물론 토인비는 경험적 가설이라 주장하지만)에 따라 몇 개의 문명권을 설정해놓고, 그 문명권에 대한 자질구레한 흥망성쇠의 정보들을 나열해본들, 요즈음의 인터넷정보시대에 와서 보자면 그 정보라는 게 별 특별한 의미가 없는 낡아빠진, 구질구질한 것들일 뿐이다. 그리고 더 중요한 것은 애써 그 정보의 숲을 헤치고 나와서 되돌이켜 본들 별로 얻는 것이 없다는 것이다. 도전과 응전이라는 것 자체가, 메피스토펠레스의 도전과 신의 응전이라고 한다면 파우스트의 노력 자체가 신의 섭리 속에 들어가 버

앙코르 와트로 들어가는 코즈웨이(신도) 난간의 모티프를 형성하는 나가. 한 몸통에
일곱머리가 양면으로 조각되어 있다($7 \times 2 = 14$). 배면에 다섯 봉우리의 수미산이 보인다.

린다. 토인비의 사관에는 철저히 기독교적인 섭리사관이 배어 있는 것이다. 그는 모든 문명의 흥망이 그려나가고 있는 인간 역사의 궤적을 신의 의지를 구현하는 하나의 유니티로서 간주한다. 인간세의 흥망에 대한 문명사적 통찰의 창조적 부분은 모두 오스왈드 슈펭글러(Oswald Spengler, 1880~1936)와 앙리 베르그송(Henri Bergson, 1859~1941)에게서 물려받은 것이다. 토인비는 오히려 슈펭글러의 결정론적 비관론을 막연한 낙관론으로 전화시키고, 슈펭글러의 냉혹한 무신론을 헤겔류의 유신론으로 전락시켰다.

문명의 흥망사를 통해 헤겔의 변증법적 역사철학의 직선주의적 독단을 벗어난 듯 하지만, 거시적으로 보면 절대정신이 역사에 자신의 모습을 드러내는 과정의 다른 표현일 뿐이다. 토인비는 마치 물리학자가 물리적 세계를 기술하듯이, 인류의 역사를 자기가 속한 문명권을 벗어나 객관적으로 기술한다고 생각했지만, 결국 물리학자의 관찰도 그가 관찰하는 대상으로부터 분리될 수가 없듯이, 그가 속한 문명의 편견으로부터 그는 벗어날 수가 없었던 것이다. 토인비의 역사기술 자체가 서구문명이 달성하려고 하는 지식의 시대정신적 구현의 한 유기적 과정에 불과했던 것이다. 캄보디아문명은 토인비의 도전과 응전의 도식에 들어맞지를 않는다. 크메르제국이 탄생한 세계는 결코 척박한 자연의 도전이 부재한 풍요로운 옥토의 세계였다. 토인비가 『역사의 연구』를 쓰기 시작한 1930년대에는 크메르제국에 대한 정보가 아직 충분히 체계화되기 이전이기도 했지만, 그는 근원적으로 인도차이나문명의 독자성에 눈을 뜨지 않았다. 한국문명이 그냥 중국문명에 스쳐지나갔듯이, 그가 구성하고자 했던 서구중심적 세계의 찬란한 기둥에 한 몫 낄 수가 없었던 것이다.

우리 일행이 일요일 첫날 서성호사장을 따라 방문한 첫 유적은 통상적인 여행객들의 발길이 닿지 않는 프레아 코(Preah Ko, Sacred Ox)라는 얼핏 매우 빈약한 듯이 보이는 폐허였다.

크메르제국의 역사는 이렇게 시작된다. 캄부자의 젊은 왕이 당시 남쪽에서 왕성한 해상국가를 건설하고 있었던 인도네시아의 쟈바왕국(Java, Zabag, 아마도 당시 말레이군도를 지배한 샤이렌드라[Sailendra] 왕조의 한 지파?)의 마하라자(Maharaja)와 경쟁자로서 성장하고 있었다. 어느날 젊은 왕은 한 충직한 신하

앙코르의 중심인 앙코르 톰 경내 바이욘사원의 회랑벽화. 참족을 물리치러 출전하는
자야바르만 7세 행렬. 새끼줄만 걸친 크메르용사들의 토속적 모습이 리얼하다.
중간에 낀 군악대의 모습도 깜찍하다. 춤추며 북을 치는 무희는 시바신의 상징일까?

에게 이와 같이 말했다.

　"나에게 한 소원이 있다."

　"무엇이옵니까?"

　"쟈바의 왕, 마하라자의 목아지를 여기 내 앞의 쟁반 위에 올려

　놓고 싶다."

"안되옵니다. 전하 ! 쟈바는 멀리 있는 섬나라로서 우리를 해친 적이 없으며 양 국민은 말로나 행동으로나 우호를 유지해 왔습니다. 앞으로 그런 말을 입에 담지 마시옵소서."

그 젊은 왕은 신하의 간언에 화를 내며, 각료회의에서 그의 소망을 되풀이했다. 그 젊은 왕의 소망은 입에서 입으로 쟈바의 마하라자의 귀에까지 들어갔다.

"이 젊고 경박한 자식이 일단 그의 소망을 공표한 이상, 그 모욕을 참고만 있을 수는 없는 것이다. 가만히 있으면 그것은 내가 그에게 굴복한다는 뜻이다."

마하라자는 즉시 몰래 1천 척의 배를 준비시켰고, 병사와 무기와 군량을 가득 실었다. 그리고 국민들에게는 그냥 순방여행을 떠난다고만 말했다. 메콩강을 거슬러 크메르에 상륙(이때는 왕국이 프놈펜 주변에 있었다)한 마하라자는 곧 크메르를 굴복시켰고 그 젊은 왕을 생포했다.

"그대의 능력에 부치는 소망을 어찌하여 그토록 갈망했는고?

그 소망이 그대 자신에게 불행을 초래하리라는 것도 몰랐단 말인가?"

"……"

"내 그대의 간절한 소망만을 그대의 말대로 되갚아 주리라! 나는 이 크메르로부터 그대의 소망에 해당되는 것 외로는 단 한 점의 해도 끼치지 아니할 것이며 단 한점의 전리품도 취하지 아니할 것이다. 단지 앞으로 오는 크메르의 왕들에게 능력을 벗어나는 소망은 불행을 초래할 뿐이라는 교훈을 주고자 한다. 인간은 행복을 향유할 수 있을 때 행복을 지킬 줄 알아야 하는 것이다. 그대는 너무도 쓸데없는 것을 원했다."

마하라자는 젊은 왕의 목아지를 쳐서 쟁반위에 올려 놓았다. 그리고 그 충직한 신하에게 말했다.

"바른 간언을 할 줄 아는 그대에게 내가 보답하고자 한다. 내 그대에게 신하로서 이 바보스러운 짓을 되풀이하지 않을 좋은 후계자 왕을 세울 권한을 부여하노라."

그리고 마하라자는 젊은 왕의 목아지를 담은 쟁반만을 싸들

바이욘 벽화. 배 위의 전사들은 베트남 참족. 죽은 크메르용사들이 톤레삽 호수의 물고기 밥이 되는 처참한 장면이 승전의 모습과 함께 그려져 있다.

고 쟈바로 돌아갔다. 쟈바에서는 성대한 귀국축하연이 열렸다. 그 자리에서 비로소 마하라자는 그의 신하들에게 자초지종을 설명했다. 그리고 젊은 왕의 목을 담은 쟁반의 보자기를 끌러, 모두에게 보임으로서 그의 위력을 과시했다. 온 국민이 그에게 엎드려 경배하고 모든 찬사와 찬미를 드렸다.

마하라자는 그때서야 그 젊은 왕의 목아지를 정성스럽게 씻고 유향을 발라 도자기에 넣었다. 그리고 그것을 배에 태워 크메르로 돌려보냈다. 거기에는 다음과 같은 서한이 들어있었다.

"내 그대들의 왕의 유해를 여기 쟈바에 간직할 이유가 없노라. 이것은 오직 이와 같은 소망을 되풀이 하고자하는 사람들에게의 교훈일 뿐이다. 나는 그대들의 왕에 대해 얻은 승리로부터 하등의 영광을 취할 생각이 없노라."

마하라자의 명성은 인도와 중국에까지 퍼졌다. 그리고 크메르의 왕들은 아침마다 눈을 뜨면 쟈바쪽을 향해 경배하는 예식을 행했다.

이상은 사건발생으로부터 한 세기가 지난 이후의 한 아라비아상인의 증언기록이다. 목 짤린 왕을 마스페로(George Maspero)는 쩐라왕국의 라젠드라바르만 1세(Rajendravarman Ⅰ)로 추정하였고 브릭스(L. P. Briggs)는 "젊다"는 단서 때문에 그의 아들 마히파티바르만(Mahipativarman)으로 추정하였다.

프놈 쿨렌이라는 성산(본명은 마헨드라 산, Mount Mahendra였다)에서 쟈바로부터의 독립을 선포하고 크메르제국, 즉 앙코르 시대를 연 자야바르만 2세(Jayavarman II)는 누구인가? 자야바르만 2세는 바로 목짤린 왕의 목아지가 쟈바로 갔을 때 인질로 잡혀간 인물이었다. 그러나 목짤린 왕과 그의 혈통관계는 명확하지 않다. 목짤린 왕의 아들이었거나 왕실의 중요한 인물이었거나 혹은 신하일 수도 있다. 자야바르만 2세는 10대에 쟈바에 갔고, 쟈바에서 시바신앙에 눈을 떴다. 당시 쟈바의 문화는 이미 대승불교가 지배하고 있었지만 시바신앙(Shaivite)과 링가숭배(Linga Worship)는 민간에 널리 유포되어 있었을 것이다. 시바는 파괴의 신이다. 파괴가 없이는 창조가 있을 수 없다. 자야바르만 2세는 파괴의 신으로 그의 새로운 왕조의 이념을 세웠다. 그리고 그 자신을 시바와 동격화시켰다. 크메르의 제왕들은 모두 데바라쟈(devaraja), 신왕(神王)으로서 자신을 인식했다. 자야바르만 2세는 수도를 프놈펜지역에서 북상하여 톤레삽호수를 지나 더 안전하고 산이 있는 앙코르지역으로 옮겼던 것이다. 캄보디아에는 산이 귀하다. 평지에 솟은 산은 모두 성스러운 것이며 위대한 천연요새였다. 왕이름에 붙는 접미사 "바르만"(varman)은 "갑옷"(armor)이라는 의미며 "보호" "수호"(protection)의 의미를 지닌다. 왕이란 결국 용맹스러운 자며 전쟁에 승리하는 자며, 적으로부터, 경쟁자로부터, 자연의 위력으로부터 인민을 보호하는 능력을 지닌 자다. 자야바르만 2세는 802년부터 850년까지 치세기간 앙코르제국의 기초를 닦았다.

프레아 코를 세운 인드라바르만 1세는 자야바르만 2세, 자야바르만 3세를 뒤이은 크메르제국(=앙코르제국)의 제3대 제왕이다. 자야바르만 3세(850~877치세)에 관해서는 별 기록이 없다. 명문에 "그는 그의 적들을 정복했으며 그의 백성들을 현명하게 다스렸다"고 적혀있다. 그리고 그는 많은 명문에 의하면 매우 코끼리사냥을 즐겼는데 코끼리사냥 중에 목숨을 잃은 것 같다.

자야바르만 2세를 태조 이성계에 비유한다면 인드라바르만 1세는 태종 이방원에 비유될 수 있을 것이다. 자야바르만 3세는 그 사이에 낀 정종이 될 것이다. 인드라바르만 1세는 12년 (877~889)밖에는 다스리지 않았지만 크메르제국을 흔들리지 않는 반석 위에 올려놓았다. 그리고 향후의 모든 건물과 제식과 관행의 전형을 확립하였다. 프레아 코는 그가 그의 조상들을 위하여 지은 것인데, 그것은 신전인 동시에 무덤이라 할 수 있는 것이다. 앙코르의 유적은 기본적으로 신전과 스투파의 구분이 없다. 건축방식도 그 양자를 결합한 양식이라 할 수 있다. 겉으로 얼핏 보면 벽돌을 쌓아올린 스투파같으면서 또 그 내부는 시카라 속의 성소같이 되어 있다.

프레아 코는 세겹의 엔클로저(담)의 중앙에 6개의 탑이 있다. 앙코르의 사원들은 기본적으로 동향을 원칙으로 하고 있다. 앙코르 와트만 예외적으로 서향이다. 동쪽입구로부터 신도(神道)

프레아 코 전면의 3탑. 그 후면에 부인들을 모신 3탑이 더 있다.

라 부를 수 있는 코즈웨이(causeway)를 걸어들어가면 동향정면
으로 3개의 탑이 보인다. 이 3개의 탑중 중앙의 것이 높고 양쪽
의 탑보다 약간 물러나 위치하고 있다.

중앙의 탑은 바로 앙코르제국의 개창자인 자야바르만 2세에
게 봉헌된 것이다. 파라메슈바라(Paramesvara)에게 봉헌한다고
문틀에 명문이 새겨져있는데 파라메슈바라는 시바신의 다른
이름이며 자야바르만 2세의 사후이름이다. 자야바르만 2세를

시바신과 동일시한 것이다. 바라보면서 오른쪽(NE)의 탑은 인드라바르만 1세의 외할아버지 루드라바르만(Rudravarman)에게, 왼쪽의 탑(SE)은 자기의 친아버지인 프리티빈드라바르만(Prithivindravarman)에게 바친 것이다. 그리고 그 뒤에 있는 세 개의 탑은 각기 그 부인들을 모신 것이다. 재미있는 것은 뒷열의 3개 탑의 위치가 조금 부정형이라는 것인데 북쪽의 탑(NW)이 남쪽의 탑(SW)보다 중앙탑으로부터 더 가깝게 위치하고 있다는 것이다. 아마도 그의 외할머니와 쟈야바르만 2세의 부인과는 각별히 가까운 사이였기에 그렇게 사후에도 가깝게 붙여놓았을지도 모른다. 이 사원의 매력은 세부적인 곳에 자유로운 파격과 변조와 변양이 이루어지고 있다는데 있다.

앞의 동열(東列)의 세탑의 동쪽문은 열려있다. 각탑의 북·서·남쪽의 문은 닫혀있다. 닫혀있다고 해서 실제로 문이 있고 닫혀있는 것이 아니라, 닫혀있는 형태로 돌조각이 되어 있을 뿐이다. 가문

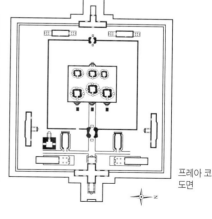

프레아 코
도면

115

프레아 코 가문

(假門)이라 이름해도 좋은 것이
다. 그러니까 동열의 세탑에는
9개의 가문이 있다.

 앞 정면의 세 문 양옆 벽에는
부조로 남자문지기가 새겨져
있다. 그 남자문지기들을 드바
라팔라스(Dvarapalas, masculine
guardians)라고 부른다. 재미있
게도 부인들을 모신 탑에는 남
자문지기 대신 여자문지기들이
지키고 있다. 데바타스(Devatas)
라고 부른다. 여신들이라는 뜻
이다.

 동쪽정면에는 각 탑마다 올
라오는 세개의 돌계단이 있다.
이 돌계단 양옆에는 한쌍의 사
자가 입구의 수호자로서 웅크

반테이 스레이 가문

리고 앉아있다. 그러니까 전부
6마리가 된다. 그런데 그 사자
의 궁둥이가 개처럼 아담하고
초라하다. 몸매가 홀쭉하게 오
똑 서있고 자그마한 궁둥이가
몸매에 촐싹 붙어있다. 앙코르
의 사자상은 시대가 밑으로 내
려올 수록 등허리 라인이 완만
해지고 궁둥이가 쑥 내밀어지
면서 우람차게 되는 양식적 변
화를 일으킨다. 제국의 자신에
찬 모습이 후대로 갈수록 더 힘
있게 표현되었을 것이다. 그리
고 그 세 계단 각 정면에는 두
사자를 마주보면서 순하디 순
하게 보이는 한마리의 소가 웅
크리고 앉아있다. 난디(Nandi)
라고 불리우는 이 소는 시바신
이 항상 타고다니는 동물이다.

드바라팔라스

프레아 코

앙코르 와트 · 월남 가다(上)

데바타의 풍만한 젖가슴 조각이 후대 모든 여신상의 원형을 보여준다.

프레아 코의 사자와 난디

앙코르 와트 · 월남 가다(上)

프레아 코

이 신전은 시바의 신전이기 때문에 시바신께서 나와 타실 것을 예비하여 엎드려있는 것이다. 인도의 시바신전 앞에 웅크리고 있는 난디에 비하면 프레아 코의 세마리의 난디는 한없이 소박하고 리얼하다. 크메르인들의 현실적 감각을 잘 나타내주고 있다. 프레아 코(신성한 소)라는 신전의 이름은 이 세마리의 난디때문에 붙여졌을 것이다. 혹은 이 신전이 발견되었을 당시 실제로 몇마리의 소가 풀을 뜯어먹고 있었을 수도 있다. 유적들의 이름은 이렇게 프랑스인들에 의하여 19~20세기에 걸쳐 제멋대로 붙여진 이름들이다. 명문에 의하면 이 신전은 880년 1월 25일, 인드라바르만 1세에 의하여 조상들께 봉헌되었다. 우리나라로 치면 통일신라말기 헌강왕시절, 최치원이 격문을 휘날리고 있을 즈음이다.

프레아 코는 앙코르의 유적군 중에서는 최고층에 속하는 것이며 이러한 신전의 최초의 양식이다. 그리고 황폐의 도가 심하다. 처음에는 그냥 어설프게 생각하고 들어갔는데, 나는 프레아 코의 고졸(古拙)한 우아함과 나의 상상력을 자극하는 여백의 아름다움에 미치도록 매료되고 말았다. 나는 사흘후 씨엠립을 떠나면서 일기에 이렇게 썼다: "앙코르 와트는 프레아 코에서 끝난다. 그 장대한 아름다움의 모든 가능성이 이미 프레아 코에 압축되어 있다. 프레아 코는 나의 앙코르답사의 알파며 오메가였다." 우리는 소졸한 원형에서 그 화려한 상상력의 모든 즐거움을 맛볼 필요가 있다. 프레아 코는 조용하다. 관광객들의 눈길에서 벗어나 있는 것이다. 그것은 참으로 인류의 위대한 유산의 시작이었던 것이다.

프레아 코라고 해서 들어가서 보는 영내는 아담한 것이지만, 이 영내 자체가 400×500m 규모의 거대한 해자의 동쪽 부위에

치우쳐 위치하고 있다. 이 해자 속에는 분명 왕이 생활하던 왕궁이 있었을 것으로 사료된다. 이곳은 씨엠립에서 동쪽으로 13㎞ 떨어진 곳인데, 인드라바르만 1세가 새 수도로 정한 하리하랄라야(Hariharalaya)라는 곳이다. (지금은 롤루오스[Roluos]라고 부른다.) 이 조상에 봉헌한 사원이 있는 해자 내의 영역이야말로 그 수도의 중심이었을 것이다. 그런데 왕궁은 발견되지 않는다. 웬일일까?

여기 우리는 토인비의 "자연의 회귀"라는 용어를 다시 한번 생각해볼 필요가 있다. 앙코르 유적군이 위치한 씨엠립 부근은 늪지대에 가까운 밀림이다. 이런 곳에 문명을 만든다는 것은 "나무와의 싸움"이라고도 할 수 있다. 숲이라고 하는 무성한 에코시스템을 제거함으로써만 도시는 가능해진다. 우리가 지금 볼 수 있는 앙코르 유적은 돌을 쌓아 만든 것이다. 돌을 다듬어 쌓아올리는 인간의 에너지가 이 거대한 유적군이 밀집되어 있는 문명의 도시를 건설한 것이다. 그러나 이 도시는 숲이라고 하는 에코싸이클을 차단시키는 인간의 행위를 통해서만 유지되는 것이다. 인간이 도시를 떠나고 방기해버리면, 그리고 인위적 에너지의 끊임없는 투입이 없으면 숲은 다시 돌아온다.

자연이 삼켜버린 타 프롬 사원의 담

자연은 어김없이 회귀하는 것이다. 자연의 회귀는 문명의 흔적마저 삼켜버린다. 인위에 대한 자연의 용서없는 보복이 시작되는 것이다. 신전 돌더미 위에 떨어진 꽃씨 하나가 신전을 다 삼켜버릴 수도 있다. 자연의 보복이 얼마나 무서운 것인가 하는 것을 우리는 앙코르 유적군의 발견 당시 모습(19세기 중엽)에서 목격할 수 있다. 오늘의 유적군들은 돌이라고 하는 지속적 소재 때문에 그나마 새로운 인위적 노력으로 복원이 가능했던 것들이다.

125

크메르 민가

　희랍이나 로마의 유적들을 보면 신전뿐 아니라, 그 신전 주변의 인간의 내음새를 느낄 수 있는 살아있는 도시의 모습들이 연속적 소재의 건조물로서 남아있다. 희랍·로마의 유적은 신전 하나만 남아있는 것이 아니라 도시 전체가, 마을 전체가 남아있다. 다시 말해서 신전과 백성의 삶 사이에 모종의 연속성이 있었다는 것을 입증하는 것이다. 그런데 마야문명 유적군도 마찬가지이지만, 앙코르의 유적은 오직 신전만이 남아있을 뿐 그 신전을 창출한 인간들의 삶을 전해주는 가옥이나 도시의 모습이 전무하다는 것이다. 앙코르지역은 100만명의 인간들이 운집하고 살았던 메트로폴리스였다. 그런데 그 메트로폴리스의 모습은 완벽하게 보이지 않는다. 이것은 곧 신전과 신전을 만든 사람들의 삶과의 사이에는 완전한 단절이 있었다는 것을 의미한다. 그것은 건축적 양식에도 완전한 단절이 있었다는 것을 의미하는 것이다. 돌이라고 하는 밀폐된 소재는 이 음습한 열대림에서는 인간적인 공간을 창출하는데는 매우 부적당하다. 이 신전 주변으로 산 거개의 모든 사람들이 아주 단순한 나무와 나뭇잎으로 엮어만든 원두막 스타일의 주거에서 생활했다. 그 주거양식은 자연의 회귀 앞에서 너무도 쉽게 흔적없이 사라지는 것이다. 나는 일반백성의 주거뿐만 아니라 귀족이나 왕족의 주거조차도, 신전이나 왕궁 주변에 목조로 된 양식의 건조물이었을 것이라고 추론한다. 그것은 신전의 돌건축양식을 자세히 들여다보면 목조의 기본양식을 옮겨놓은 것이 많다는 것에서 드러난다.

프레아 코를 들어가면 입구에서 제일 먼저 만나게 되는 것이 돌로 된 창틀과, 창틀 사이에 서

127

있는 원통 모양의 돌창살이다. 그런데 이것은 모든 기법이 석공의 기법이 아니라 목공의 기법이라는 것을 알 수 있다. 그것은 나무를 깎고 짜맞추는 온갖 요철의 기법으로 되어있는 것이다. 프레아 코의 입구에 서있는 몇 개의 돌창문으로 미루어보아 그곳에 긴 회랑이 있었다는 것을 상상할 수 있다. 그리고 그 주변 어딘가에 그러한 회랑의 모습을 가지고 있는 목조왕궁이 있었을 것이다.

그런데 프레아 코에서 가장 우리의 관심을 끄는 것은 각 신전의 입구 위를 장식하고 있는 린텔(lintel, 上引枋)이라는 화려한 돌구조인데 크메르문명에서 가장 독창적인 양식이라고 할 수 있는 것이다. 이 린텔의 최초의 정형이면서 완성된 아름다움을 자랑하는 것이 바로 프레아 코의 린텔이다. 각 문 상방에서 제각기 창조적인 발상을 과시하며 아직도 그 정교한 모습을 오늘 우리에게 드러내고 있다.

그런데 린텔 이야기를 하기 전에 앙코르 유적의 건축소재에 관해 잠깐 이야기할 필요가 있다. 우선 바닥을 보면, 꼭 제주도의 화산석인 검은 현무암과 비슷하게 생겼는데, 붉은 황토빛을

프레아 코 전경. 중간의 탑을 수리하고 있는 중이었다. 관광객이 없는 것이 특징.
라테라이트 벽돌로 쌓아올린 담(옆페이지 상단). 라테라이트 벽돌로 깐 신도(하단).

띤 구멍이 뿡뿡 뚫린 돌
이 있다. 밟아 보면 완벽
한 돌같은데 실상 그것
은 돌이 아니다. 그것은
철분함량이 높은 진흙
(iron-rich clay)인데 거대한 메주벽돌처럼 찍어 그늘과 햇빛에
번갈아 말리면서 양생하는 것이다. 이것을 우리말로는 홍토라
하고 영어로는 라테라이트(Laterite)라고 부른다.

이것은 파낼 때는 말랑
말랑하지만 말리게 되면
성글성글한 돌처럼 굳어
버린다. 크메르인들은
이 홍토벽돌을 건물의
바닥재, 기초재, 내면벽으로 쓰거나 보이지 않는 내면공간을
채우는 데 썼다. 그런데 재미있게도 오늘 복원공사를 하는 과
정에서 똑같은 소재를 똑같은 방식으로 사용했을 때 가라앉거
나 무너지는 현상이 나타난다. 그러니까 고대 크메르인들은 양
생과정에서 구증구포와도 같은 독특한 비법을 개발했던 것 같

다. 오늘의 첨단과학으로도 옛사람들을 모방할 때는 반드시 허점이 드러나게 되는 것은 방법론과 가치관, 세계관에서 무엇인가 못미치는 점이 있기 때문일 것이다.

프레아 코 린텔 위로 보이는 벽돌소재

둘째로 벽돌을 들 수 있다. 벽돌은 현재 우리가 쓰고 있는 빨간 벽돌과 큰 차이가 없다. 더 납작하고 옆으로 긴 형태가 많으나 두께가 7㎝정도는 된다. 벽돌과 벽돌을 쌓아올라가는 과정에서 그들은 시멘트역할을 하는 석회(mortar)를 쓰지않고 여러 식물의 수액을 개서 쓰는 독특한 접착제를 개발했다. 그래서 벽돌쌓는 것을 보면, 벽돌과 벽돌 사이가 물샐틈없이 치밀하게 연접되어 있어서 오랜 세월에도 무너지지 않게 되어있다. 물론 돌소재에 비해 벽돌의 내구성에는 한계가 있다. 그리고 우리가 잊지 말아야 할 사실은 벽돌의 존재는 불가마(Kiln)의 존재를 전제로 한다는 것이다. 벽돌은 이미 앙코르시대 이전의 6세기 유적에서부터 나타나고 있다. 불가마의 존재는 다양한 생활용품 도기의 존재를 전제로 한다. 앙코르 신전 가까운 주변에 적지않은 도요가 있었을 것이지만 그 유허는 아직 발견되지 않고 있다.

셋째로, 이들이 많이 쓴 것이 벽돌로 쌓아올린 벽을 장식하기 위하여 사용한 스터코(Stucco)다. 스터코는 소석회(消石灰, slaked lime), 고운 모래, 타마린드(tamarind, 열대산 콩과의 상록수) 열매, 슈가 팜(sugar palm), 개미집 점토 등을 반죽하여 만든 소재로서 벽돌 위에 발라 그것으로 조각을 하여 아름다운 신전의 모양을 내는 것이다. 대부분의 스터코벽은 아깝게도 탈락하여 버렸지만 프레아 코의 일부 벽은 천백년이 넘도록 그 아름다운 원형을 보지하고 있다. 그러나 이러한 소중한 문화재가 급격히 파손되는 와중에 이글거리는 땡볕과 소낙비에 그냥 노출되어 있다. 프레아 코는 기본소재가 벽돌로 쌓아올린 것인데 그 벽돌은 아름다운 스터코조각으로 휘덮여 있었다. 그 본래 모습의 휘황찬란한 모습을 상상하면 고졸하면서도 정교한 크메르예술의 극치를 맛보게 된다.

프레아 코의 스터코 소재. 벽돌 위에 스터코를 바르고 그 위에 정교하게 조각한 모습이 보인다.
그러나 세월을 견디지 못해 마모가 심하다.

사암으로 쌓아올린 바콩사원

프레아 코

바콩의 사암 축대

우리나라 떡살 같이 보이지만 가문의 중앙을 장식하는 문양이다. 바콩.

넷째로 내구성이 가장 강한 보편적 소재로서 사암 (Sandstone)을 들 수 있다. 이 사암은 앙코르 동북부 30㎞에 있는 쿨렌산맥(Kulen Mountains)에서 채취되어 씨엠립강을 따라 뗏목으로, 그리고 육로에서는 코끼리·물소·황소 등이 끄는 마차를 이용하여 운반되었다. 이 사암은 주로 정교한 조각을 요구하는 문틀이나 드라바팔라스·데바타스의 조각이 있는 벽감, 사자상·난디조각, 그리고 강한 버팀을 요구하는 바닥이나 모서리에 쓰였다. 프레아 코는 사암을 최소한으로 썼다. 그러나 시간이 지날수록 사원건축에 단단한 사암을 더욱 많이 쓰게 되었다. 앙코르 톰의 동쪽에 있는 자야바르만 5세가 AD 10세기에 지은 타 케오(Ta Keo)신전은 전체가 사암으로 된 최초의 신전이다(AD 975~1000). 산악지대가 적기 때문에 공급이 한정될 수밖에 없는 이 귀한 석재를 크메르왕들은 경쟁적으로 무지막지하게 사용하기 시작했다. 사암은 앙코르 톰을 만든 자야바르만 7세 때(1181~1219), 그러니까 13세기초(고려 최씨무신정권이 활약하는 시기)에는 동이 나버린다. 그 뒤로 크메르제국은 급격히 쇠락한다. 그러니까 크메르왕국은 사암과 더불어 강성해졌다가 사암이 없어지면서 망해버렸다. 크메르제국이 망한 시기는 대강 오스만 투르크에 의하여 동로마제국이 막을 내리는 시기와 일치한다. 콘스탄티노플이 함락될 즈음 이미 앙코르는 폐허가 되어 있었다.

크메르의 보석, 반테이 스레이 최외곽 고푸라 조각

사암은 짙은 회색으로부터 핑크빛 홍조를 띠는 것, 그리고 초록색 빛이 나는 매우 치밀한 것 등 여러 종류가 있다. 프레아코의 사암은 회색이다. 그래서 주변의 홍조를 띠는 벽돌과 쉽게 구분이 간다. 그러나 자야바르만 5세의 즉위 직후에 봉헌된 반테이 스레이(Banteay Srei)신전의 사암은 홍조를 띠며 훨씬 더 깊고 샤프한 선을 잘 보존하고 있다. 회색사암보다 핑크사암이 더 단단하고 결이 곱다고 봐야 할 것이다. 초록색 사암은 더 단단하고 더 고운 최상급의 돌로서 청록의 반질반질한 빛이 나는데 매우 희귀한 것이다. 크메르의 최고걸작품 중의 하나로 꼽히는 "코 크리엥의 여인"(Lady of Koh Krieng) 조각은 초록색 사암으로 된 것인데 프놈펜 국립박물관에 보관되어 있다(7세기 쩐라시대의 작품).

우리조상들은 조선땅이 위대한 화강암을 그토록 많이 함장하고 있다는 것을 알았지만 그것을 쓰는 것을 자제할 줄 알았다. 그러나 요즈음 몇십년 사이에 그토록 위대한 자연의 걸작품을 그토록 천박한 싸구려 건축가들의 싸구려 건축물에다가 마구 써버려 거의 동이 나고 있다. 우리의 조선문명도 화강암과 더불어 강성하다가 화강암과 더불어 멸망하지는 않을는지! 돌이라는 소재의 귀함을 깨달아 주었으면 좋겠다. 개천의 돌도 마구 석축으로 쓰고 내버리지 말고 꼭 귀하게 재활용해야 한다. 자연은 돌을 만들기 위해 수십억년을 고생했다. 인간은 하루에 그 고귀한 자연의 자산을 파괴해버리고만 있는 것이다.

프레아 코

다섯째로 요즈음 좀 사이즈가 큰 사각형의 목욕탕 타일과 같이 생긴, 문양이 일정한 도기타일도 발견된다. 상면이 계단식으로 접혀있어 완벽하게 인터로크될 수 있게 되어있다.

여섯째로, 목재와 금속을 들 수 있는데 사원의 내부장식에 목재와 금속이 쓰였다. 금속은 동·청동·철이 다 쓰였다. 주달관의 『진랍풍토기』(14세기초)에 의하여 유추하자면 외부장식에도 금이나 청동이 많이 쓰였을 것이다.

자아! 이제 이 정도의 상식을 가지고 프레아 코의 린텔을 한번 살펴보기로 하자! 홍토벽돌이 깔린 긴 신도를 따라들어가면 우선 오른쪽의 탑(NE: 인드라바르만 1세 외할아버지의 묘) 동쪽 정문 위에 걸려있는 린텔을 만나게 된다. 린텔이라는

앙코르 와트·월남 가다(上)

북동코너 탑 린텔. 인드라바르만 1세 외할아버지 묘의 동문.

것은 우리 주변의 벽돌건물에서 쉽게 발견되는 것으로 문을 낼 때 문 위의 벽돌의 하중을 받기 위하여 양쪽 문설주 상면을 가로지르는 통돌의 버팀구조를 말하는 것인데, 이 린텔이 바로 크메르인들의 상상력이 가장 왕성하고 화려하고 정교하게 발현된 곳이다. 물론 린텔과 그 밑을 떠받치고 있는 6각형의 양기둥(정확하게 목조기둥의 형태를 돌로 재현한 곳이다)과 안쪽의 문틀은 사암으로 되어있다. 이 사암에 놀라웁도록 정교한 입체적 부조(relief)가 조각되어 있는 것이다. 폐허처럼 보이는 황량한 벽돌더미 한가운데서 이렇게 정교한 예술품을 발견하게 되는 충격에 나는 전율을 느낀다. 그리고 그것이 완전히 버려지고 있는 것처럼 노출되어 있는 현실 속에서 나는 경이로움과 안타까움을 동시에 느끼지 않을 수 없다. 더욱 놀라운 사실은 이 프레아 코의 린텔이야말로 앙코르유적군의 모든 린텔예술의 디프 스트럭처를 형성하는 최초의 작품이면서 나의 심미안에 포착된 바로는 최종적 작품이라는 것이다. 린텔예술은 크게 보아 프레아 코(879년) → 반테이 스레이(968년) → 앙코르 와트(1150년 전후) → 앙코르 톰(1200년 전후)으로 연결되는데, 반테이 스레이의 린텔은 더 깊고 화려하고 정교하고 또 매우 혁신적이지만 너무 현란하고 이념적이다. 앙코르 와트의 린텔은 너무 반복적이며 설명적이며 신화적이며 느끼다. 앙코르 톰(바이욘)의 린텔은 불교적이며 너무 거칠다. 이 모든 린텔예술의 창조적 가능성이 압축되어 있으면서, 소담하고, 무한한 상상력의 오리지날리티를 과시하고 있는 작품이 바로 프레아 코 현관 위에 걸려있는 린텔인 것이다.

한번 자세히 들여다보자! 우선 우리 눈에 띄는 것은 상단 중앙에 자리잡고 있는, 우리나라 귀면기와 같은 문양에서 볼 수 있는 아주 흉악한 듯이 보이는 괴물의 모습이다. 얼굴은 사

자로부터 진화된 것인
데 반드시 두 눈깔이
툭 튀져나와 있고, 입
은 좌악 벌린 채 히죽
히죽 웃고 있다. 그런
데 히죽히죽 웃는 입을
보면 위턱만 있고 아래

남동코너 탑 린텔 속의 칼라

턱은 없으며 빵 뚫린 콧구멍 밑으로 입술이 활 모양으로 벌려
져 있고, 그 밑으로 무서운 이빨이 드러나 있다. 이 괴물을 칼
라(Kala)라고 부른다. 캄보디아에서는 "라후(Rahu)의 대가리"
로 더 잘 알려져 있다. 힌두신화에서는 칼라는 보통 시바
(Shiva)신의 또 하나의 변형으로 이해되고 있다. 시바의 맹렬하
게 위협적인 모습이 이 칼라의 얼굴로 표현되고 있는 것이다.
프레아 코가 시바에게 봉헌된 신전이라는 것을 생각하면 여기
칼라가 시바의 또 하나의 상징이라는 것은 쉽게 이해가 간다.
우리나라 절을 들어가려면 반드시 그 대문 안쪽에 4개의 사천
왕상이 무서운 얼굴을 하고 지키고 있는 모습을 볼 수 있는데,
삿된 잡귀들을 쫓는 벽사(辟邪)기능의 존재가 항상 경계성
(marginality)과 더불어 존재한다는 것은 모든 신화적 세계의 공

인도의 아크바르 대제가 기거했던 파테푸르 시크리에 있는 양식화된 마카라 모습

반테이 스레이 최외곽 고푸라에 있는 나가를 토하는 마카라

앙코르 와트 · 월남 가다(上)

통적 현상이다. 여기 신전으로 들어가는 입구의 문틀 위에서 시바의 변신인 칼라는 무서운 얼굴을 하고 지키고 있는 것이다. 그런데 이러한 린텔양식은 인도에서는 보기 힘든 것이다. 인도에서는 마카라(Makara)라고 하는 괴물이 잘 등장하는데 마카라는 꼭 옆모습(profile)으로 그려지는 것이 특징이다. 마카라에 비해 칼라는 반드시 좌우대칭의 정면의 모습으로 나타난다. 보다 위압적이다. 마샬(H. Marchal)은 태양의 섬문화에서는 추장이 사는 주거지의 꼭대기에 사람의 해골을 꽂아놓는 습관이 있는데 말린 사람의 대가리에서 인대가 끊어지면 아래턱은 떨어져 없어져 버리므로 항상 아래턱이 결여되어 있다고 한다. 이러한 해양문화의 습관이 칼라의 모습으로 창조적인 변용을 한 것이 아닐까 추론키도 한다. 코랄(Rémusat Gilberte de Coral)은 롤루오스지역의 칼라 대가리는 쟈바로부터의 영향이라고 추론한다. 크메르제국의 개창자인 자야바르만 2세가 쟈바에서 온 사람이라는 것을 생각하면 어느 정도 타당한 추론이라 하겠지만, 나는 프레아 코의 린텔은 비록 이것이 새로운 양식의 출발이라고 할지라도 이미 앙코르시대 이전부터 기나긴 인도문명으로부터의 영향과 토착적 상상력의 축적으로 보아야 한다고 생각한다. 프레아 코의 린텔은 결코 하늘로부터 뚝 떨어진

린텔 1

것이 아니다. 후우난, 쩐라시대의 예술품을 살펴보면 아쇼카왕 이래 인도의 고전문명이 가장 찬란한 정점에 이르렀다고 하는 굽타왕조(4세기 초엽~6세기 중엽) 예술의 끊임없는 영향권 속에 있었음이 드러난다. 그리고 프레아 코의 린텔도 앙코르 이전의 삼보르(Sambor)나 프레이 쿡(Rrei Kuk)신전의 린텔에서 나타나는 마카라양식과 연속성이 있음이 드러난다. 프

린텔 2

레아 코의 린텔은 진실로 인류의 기나긴 상상력의 축적의 한 결정판임이 드러난다. 프레아 코의 린텔 한판 그것은 그나름대로 완정한 코스모스인 것이다.

『지옥의 묵시록』에 보면 캄보디아의 원주민이 제식에 쓰기 위하여 소를 죽이는 처절한 장면이 매우 강렬한 카메라웍으로 그려지고 있다. 지역주민들의 보고에 의하면 원래 이렇게 위대

한 신전을 지을 때는 사람을 꼭 희생의 제물로 썼다고 한다. 사람을 희생으로 써서 건물 스트럭쳐 속에 같이 집어넣음으로써, 그 희생에서 뿜어나온 피의 기운이 스며들게 하는 것이다. 그렇게 함으로써 그 건물에는 어떠한 영험한 기운이 서리게 되는 것이다. 우리나라 에밀레종의 설화도 이러한 고대풍습과 관련이 있을 것이다. 일부 크메르의 전통은 근세까지도 이러한 유습을 보지하고 있었다고 한다. 그러나 프레아 코의 건축자들은 이미 그러한 인간희생을 상징적인 신화구조로서 전환시키는 슬기를 지녔다. 바로 칼라는 희생의 제물이 되는 인간혼의 상징이었다. 구태여 희생의 제물(시체)을 건물에 집어넣는 대신 입구의 간판격인 상방에 칼라의 영험스러운 머리를 새겨넣었던 것이다.

그러나 칼라에 대한 해석은 여기서 멈추지 않는다. 칼라에 대한 우리의 무한한 상상력은 이제 겨우 시작의 발판을 마련한 것이다. 칼라의 대가리 옆에는 난데없이 팔뚝이 튀쳐나오는 상황이 있다. 같은

프레아 코 스터코 속의 칼라

프레아 코에 있는 스터코 조각의 한 걸작품은 양쪽 팔뚝으로 나가의 대가리를 움켜쥐고 있고, 입의 헛바닥이 축 흘러내리면서 그것이 나가의 형상으로 꿈틀거리고 있다. 양 팔뚝으로 두 마리의 나가 대가리를 움켜 안고 있고 입으로는 한 마리의 나가를 토해내고 있는 것이다. 지금 우리의 연구대상이 되고 있는 나가를 살펴보면 입에서 양쪽으로 물소뿔 모양의 돌원통이 뻗쳐나오고 있고, 이 돌원통은 또 다시 다이내믹하게 달리고 있는 네 마리의 말 몸뚱이와 합쳐져 있으며, 그 말 위에는 각기 4사람(남성)이 기묘한 포즈를 취하고 있다. 많은 해설자들이 이 물소뿔 모양의 돌원통을 "화환"(garland)이라고 명명하고 있으나 이것은 참으로 어처구니없는 기술이다. 이것은 화환이 아닌 나가(Naga)인 것이다. 바로 시바의 화신인 칼라는 입에서 나가를 토해내고 있는 것이다. 중앙탑 뒷면의 가문 린텔에는 칼라 대신 가루다가 있고, 가루다가 두 손으로 나가의 꼬리를 힘차게 움켜쥐고 있는 모습을 하고 있다. 그리고 양끝으로는 각기 다섯개 머리를 하고 있는 나가가 코믹하게 대가리를 쳐들고 있다. 이 린텔은 매우 상징적이다. 가루다와 나가는 본래 천적이다. 가루다는 하늘을 날아다니는 독수리다. 그의 사지와 몸통은 사람의 것이지만 부리 달린 얼굴과 날개와 발톱은 독수리의

프레아 코 남동쪽나의 린텔. 우리의 눈이어 주 테마를 이루는 크메르예술이 아라티팀. 이 위대한 갈치품에 세인들은 별 주목을 하지 않았다.

형상을 하고 있다. 가루다는 엄마로부터 뱀에 대한 증오를 물려받았다. 가루다의 엄마 빈타나(Vintana)는 남편인 카샤파(Kasyapa)의 본처 카드루(Kadru)와 아주 사이가 나빴는데, 카드루는 모든 뱀의 어미였던 것이다. 인도신화에서는 가루다와 나가, 그러니까 독수리와 뱀의 화해는 나타나지 않는다. 그러나 재미있게도 크메르신화에서는 천적인 독수리와 뱀은 때로 한 몸으로 나타나기도 하는 것이다. 독수리는 하늘의 상징이며 생명과 선(善)의 상징이다. 뱀은 땅의 상징이며 죽음과 악(惡)의 상징이다. 그런데 프레아 코나 기타 신전에서 이 두 존재는 화합하고 화해한다. 가루다는 동시에 비슈누가 타고다니는 상서롭고도 막강한 존재이다. 그리고 가루다의 신화는 항상 불사의 감로수와 관련되어 있다. 따라서 프레아 코의 린텔이 앞면(동쪽)은 칼라로 뒷면(서쪽)은 가루다로 되어있다는 것 자체가 이미 후기 앙코르 건축의 신화적 양식에서 주테마를 이루고 있는 불사의 감로수신화와 암시적인 연관성을 나타내고 있는 것이다. 다시 앞면의 린텔로 돌아가보자 !

분명히 물소뿔모양으로 가로지른 원통은 칼라의 입에서 나온 나가의 몸통이다. 이 나가의 몸통은 뻗쳐내려가면서 가늘어지다가 꼬리가 다시 쭉 올라간다. 그 꼬리는 다시 코끼리가 물어 치켜올리고 있고, 그 코끼리 위에는 인드라신이 양손에 바즈라(Vajra, 금강저: 인도에서는 오른손에만 들고 있다)가 활약하고 있다. 바즈라는 번개의 신이며, 구름을 가두어 가뭄을 야기하는 브리트라(Vritra)와 항상 용감히 싸운다. 그는 가뭄을 제거시켜주고 땅에 비를 내려준다. 땅에 비를 내려주는 인드라의 행위는 물론 땅에 사는 나가의 생명의 원천이다. 우리나라의 단군신화에서도 아들 환웅에게 풍백·우사·운사를 주어 신단수 밑으로 내려가게 하는 환인(桓因)이 인드라신의 다른 이름

비내리는 인드라신. 물결모양이 구름, 그 밑의 화살모양이 비. 비 사이로 나가가 좋아서 머리를 쳐들고 있다. 반테이 스레이.

이라는 사실도 상기할 필요가 있다. 다시 말해서 프레아 코의 신화구조도 우리 삶에서 그리 멀리 떨어진 얘기는 아니라는 것이다. 그리고 나가의 몸통 아래로는 정교하게 6개의 잎사귀가 흘러내리고 있다. 그리고 흘러내린 잎사귀의 끝은 세 갈래 모양을 하고 있는데 모두 또 다시 나가의 대가리로 변모하고 있다. 그리고 그 세 갈래 뱀대가리의 중앙에는 남신이 타고 있는데, 이 6명의 남신의 오른손에 모두 방망이 모양의 것을 들고 있는 것으로 보아 인드라신일 가능성이 높다. 이 신전의 봉헌자의 이름이 인드라바르만이라는 사실과 연관시켜 볼 때, 나가와 인드라의 결합은 매우 토착적인 농경사회의 풍요로움을 그려내고 있는 것이다. 어쩌면 이 린텔에 그려지고 있는 모든 신상은 인드라바르만 자신의 변용일 수도 있으며 풍요로운 비와도 같은 자신의 치세의 상징일 수도 있다. 그러나 우리의 분석은 여기서 그치지 않는다. 신화는 과연 신들의 이야기라는 고정된 사전적 지식의 나열로서 신화가 될 수 있는 것일까?

다시 한번 중앙의 칼라를 자세히 들여다 보면 칼라의 벌려진 입에서 나가가 뻗쳐나오고 있고 그 나가 몸뚱아리 밑에는 칼라의 두 손이 그 몸뚱아리를 움켜쥐고 있다. 마치 여인의 궁둥이를 움켜쥔 것처럼. 그런데 그 전체를 다시 한번 살펴보면 칼라 대가리 위에는 시바신으로 상정되는 사람형상의 상체가 의젓한 자세를 과시하고 있다. 그런데 그 윗몸통에서 보자면 바로 칼라가 흉악한 입을 벌리고 있는 곳은 시바신의 성기에 해당되는 부분이다. 그리고 나가의 몸뚱이는 여인의 좌악 벌린 허벅지로부터 발가락 끝까지의 모습에 해당된다고 볼 수도 있다. 여기에 린텔의 전체 모습이 매우 양다리를 좌악 벌린 여인의 음부와 그 음부에 라이온의 갈기처럼 뻗친 음모를 연상하면 이

프레아 코 린텔(SE).

린텔의 성적 함의(sexual connotation)는 엉뚱한 상상만은 아니라고 생각된다. 이 신전이 시바의 신전이라는 사실, 그리고 시바의 상징이 링가(linga: 남자성기)와 요니(yoni: 여자성기)라는 것을 생각하면, 시바신앙의 근원적 의미는 농경사회의 생산력 숭배(fertility cult)로 모아지고 있다는 것을 다시 한번 상기할 필요가 있다. 시바가 타고 다니는 난디, 프레아 코의 린텔을 마주 쳐다보고 있는 난디는 바로 대지의 생산력과 관련되어 가장 찬미되고 있는 동물이다. 농경사회에서 소처럼 생산력에 도움을 주는 고마운 존재는 없다. 시바는 대체적으로 남성적인 이미지

칼라의 열손가락을 주목할 것

를 가지고 있지만 그 근원적 성격은 자웅동체적인 생산성
(Ardhanarisvara)에 있다. 시바의 파괴적 성격은 곧 창조와 생산
이라는 맥락에서 파악되어야 하는 것이다.

섹슈알 판타지(sexual fantasy)！ 인간에게 있어서 이 이상의
신화는 없다. 에로틱 판타지의 특징은 끊임없이 내가 실제로
체험하는 외적 경험의 세계와 주관적 · 내면적 환상이나 욕망
사이에 괴리가 존재한다는 것이다. 물론 자기의 스파우스와 항
상 더없는 만족을 느끼고 자식과 더불어 행복한 삶을 누리며

155

그 루틴에서 한 발자국도 벗어날 생각을 하지않는 사람들에게 는 별로 크게 판타지가 발생하지 않을지 모르지만, 판타지가 전혀 없는 인간은 생명력이 고갈된 인간이라고 말할 수도 있 다. 모든 살아있는 인간에게는 에로틱 판타지가 있다. 플라톤 은 철학적으로 이데아를 향한 끊임없는 향상이라 풀이하여 에 로스(Eros)라 말했지만, 에로스는 정신적인 향상일 뿐만 아니 라 우리의 신체에도 똑같이 적용되는 것이다. 우리의 신체는 항상 더 큰 만족, 더 화려한 충족, 더 세련된 심미적 완성, 더 강 력한 신체적 떨림을 추구한다. 인간의 몸(Mom) 자체가 에로스 적 언어로 가득차있는 것이다.

에로틱 판타지는 나이가 많은 사람들보다는 나이가 어린 사 람에게, 그리고 고립된 인간에게 더 강렬히 나타난다. 내적 갈 망과 외적 충족의 괴리가 클수록 강렬해지는 것이다. 어린 사 람에게 그러한 판타지가 강렬하듯이, 현대인들보다는 고대인 들에게 그러한 판타지는 강렬했을 것이다. 신분과 재산과 권력 과 주거문화생활의 격차가 극심한 사회에서는 그러한 판타지 는 더욱 더 선명하게 드러나게 마련이다.

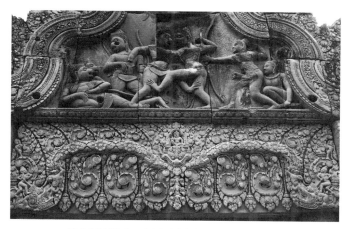

라마야나 신화, 수그리바와 발린의 결투 장면, 반테이 스레이.

　인간의 내적 세계와 외적 현실 사이의 괴리가 전혀 감지되지 않는 곳에서는 신화가 발생하지 않는다. 신화는 주관적 세계와 객관적 세계의 괴리에서 발생하는 것이다. 신화는 바로 그 괴리를 해결하려는 인간의 노력이다. 모든 인간은 자기가 살고있는 외적 현실에 적응하기 위한 신화를 가지고 있다. 그것이 물려받은 것이든 새롭게 창조한 것이든 그저 생각없이 반복되는 가치관이든 모두 신화적 구조 속에서 틀 지워져 있는 것이다. 아들하나 믿고사는 청상과부는 그 아들이 언젠가 훌륭하게 되어 백마를 타고 빛나는 보검을 휘두르는 왕자처럼 나타나리라는 신화를 일초도 버릴 수가 없을 것이다. 전장에서 적에게 총부리를 겨누고 있는 병사는 적의 탄환에 맞아죽는 순간 민족을 위하여 영광된 삶을 살았노라 저 하늘나라에서 빛나는 훈장이 주어지리라는 최소한의 상식적 신화라도 가지고 있을 것이다. 신화가 중요하다는 것은 바로 그것이 인간의 삶에 의미와 권위와 목적을 주기 때문이다. 종교도 곧 신화로부터 발생하는 것이다. 종교는 제도화되면서 몇몇 권력자들을 위한 권력의 시녀로서 조작되고 전락되는 불행한 속성과 어김없는 역사적 전철을 밟게 마련이지만, 그 원초적 의미는 반드시 인간의 신화적 충동과 관련되어 있는 것이다. 자신의 심적 내면의 갈망과 외적현실의 괴리에 새롭게 적응하려는 끊임없는 판타지, 그 판타지야말로 신화와 종교의 원천이라고 말할 수 있다. 강남이나 여의도에서 그토록 열렬하게 예수를 외치고 있는 사람들을 보라! 그들이 말하는 예수는 전혀 우리민족과 역사적 체험을 공유하는 존재도 아니며, 전혀 우리가 살고 있는 세계의 인과적 상식에 부합되지도 않는다. 처녀에게서 태어났다든가, 죽었다 살아났다든가, 인류를 심판하러 다시 재림한다든가하는 따위의 언어들은 쌩거짓말이라면 너무도 노골적인 쌩거짓말이다. 그러나 그들은 이것을 쌩거짓말이라고 인지하기는 커녕 완벽

반테이 스레이 신전의 아름다운 모습

한 객관적 사실로서 인정하고 받아들인다. 정상인과 정신분열
증환자(schizophrenic)의 기준을 현실감각의 유무에 둔다면 사
실 한국의 대다수의 광적인 기독교인들은 정신분열증환자로
간주되어야 마땅할 것이다. 실제로 정신분열증환자 이상의 망
발된 행동을 일삼는 경우도 허다하다. 그럼에도 불구하고 우리
가 그들을 상식적 사회일원으로 받아들이는 이유는 예수의 신
화가 그들의 삶에 의미와 목적을 주고 있기 때문이다. 인간에

게서 판타지를 뺏을 수는 없는 것이다. 그러나 한국의 광신기독교인들을 이상하게 쳐다보지 않는 아량을 가지고 있다면 크메르인들과 같은 고대인들의 신화의 세계를 보다 긍정적으로, 보다 공감적으로 이해해야할 필요가 있는 것이다. 한국기독교인들의 신화는 연보궤짝이나 쓸모없이 거대한 시멘트건물을 창출하고 있는데 반해, 크메르인들의 신화는 여기 린텔과 같은 위대한 예술품을 창출했던 것이다. 그 품격과 심미적 감각의 차이를 한번 견주어볼 만한 것이다. 그리고 이러한 린텔의 조각에 생애를 불사른 수없는 석공들의 손길이 그들의 삶에 주었던 신화적 의미를 되새겨 볼만한 것이다.

오랄 섹스! 여자의 거대한 가랑이 사이에서 그 구멍에 머리를 박고 돌진하는 한 인간의 체험을 생각해보자! 그 구멍은 바로 나라는 존재가 태어난 구멍이다. 그러면서 나에게 무한한 욕망을 불러일으키는 구멍이다. 그러면서 또한 나의 열화와 같은 욕망을 식혀버리는 구멍이다. 그러면서 때로는 나의 존재를 파괴시키고 무기력하고 피곤하게 만드는 구멍이다. 그러면서 때로는 나의 존재에 활력을 주고 새로운 삶의 의욕과 충동을 불러일으키는 구멍이다. 어떤 때는 악마와도 같이 나에게 모든 고뇌를 안겨주며, 어떤 때는 천사와도 같이 나에게 휴식과 평온과 안식을 안겨주는 구멍이다. 이 구멍을 바라보는 고대인의 판타지! 그 구멍은 바로 칼라의 아가리로 표현되었고, 그 구멍 양옆으로 뻗은 거대한 대지의 산맥과도 같은 허벅지는 나가의 몸뚱아리로 표현되었다. 나가의 몸뚱아리는 대지를 상징하기 때문에 곧 대지 위를 달리는 말 몸뚱아리와 오버랩 되었다. 그리고 쾌락에 꿈틀거리는 여인의 다섯 발가락은 다섯 머리를 한 나가의 생동하는 대가리로 표현되었다. 올가즘에 부르르 떠는 여인의 허벅지의 서기는 거기서 내려뜨린 잎사귀와 작은 나가머리의 용솟음으로 상징화되었다. 상상은 자유다! 신화의 세계에 있어서는 어떠한 판타지도 다 허용될 수 있는 것이다. 그 판타지를 통해 고대인들은 자신의 신화의 세계를 창조하고 그것을 그들이 살고 있는 외적세계의 현실과 조화시키려는 노력을 기울였던 것이다. 여기에 깔려있는 기본철학은 "퍼틸리티 컬트"(fertility cult, 생산성 예찬)다.

우리의 성적 체험의 가장 중요한 사실은 태어나서 죽을 때까지 동일하고 비슷한 사태가 끊임없이 반복된다는 것이다. 반복되면서도 지칠 줄 모르는 새로움을 동반한다는 것이다. 일상적 반복은 지루하지만 판타지로서의 섹스는 지루함을 모른다. 그것은 의식적 목적이나 구체적 분별이나 행위의 개념을 수반하지 않는 자연적 충동이기 때문에 반복적 지루함으로부터의 면역성이 강하다. 이렇게 우리의 느낌의 체계가 구성하는 행위 중에서 가장 반복의 빈도가 높은 유형적 양태를 "본능"(instinct)이라고 부르는 것이다.

우리는 근대 이성주의 인간관의 세뇌 때문에 본능을 가장 비천하고 맹목적이며 단순한 인간 몸의 능력으로 생각해왔다. 그에 비하면 이성은 인간의 행위를 분별있게 통제하는 고도의 복합적 기능이며 매우 계산적이며 인간이 존재하는 모든 가치관을 독점하는 것처럼 생각해왔다. "인간은 이성적 동물이다"라는 아리스토텔레스의 명제는 인간을 규정하는 가장 적합한 속성을 지적하는 것으로 찬양되어 왔다. 그러나 나는 말한다: "인간은 본능적 동물이다." 인간이 존재하는 모든 이유가 바로 이 본능을 어떻게 처리해나가느냐에 달려있다고도 말할 수 있는 것이다. 인간에게서 본능처럼 원초적이고 지속적이고 복잡하고 고도의 구성력이 있으며 가장 영향력이 큰 몸의 기능은 없다. 본능이야말로 인간 생명의 진화의 모든 매카니즘이 함축된

프레아 코 린텔양식이 발전한 반테이 스레이 조각

가장 보편적인 레저보아라 할 것이다. 신화를 만들어내는 것은 이성이 아닌, 본능이다. 인간의 삶을 지배하는 것은 이성이 아닌 본능인 것이다. 인간은 이성 때문에 사는 것이 아니라 본능 때문에 사는 것이다. 본능 때문에 희노애락이 있고, 본능 때문에 시와 예술과 문학과 모든 감성의 변양이 가능한 것이다. 정치도 이성이 아니요, 본능의 갈등이다. 전쟁도 본능이요, 평화도 본능이다. 이성이란 이 본능을 통제하기 위한 협애한 통로일 수도 있다.

프로이드는 이 본능의 핵심을 리비도(libido, 본원적인 심적 에너지, 성적 충동)로 파악하였다. 그리고 그는 인간의 모든 정신병리적 현상을 이 리비도의 왜곡, 즉 리비도의 부적절한 배설로 생각하였다. 그에게 있어서 리비도는 억제와 승화의 대상이었다. 그리고 성적 충동의 올가니즘적 해방이 인간의 지고의 가치인 것처럼 생각하였다. 그러나 융은 성적 충동이야말로 인간이 인간으로서 존재하게 만드는 신화적 가치창출의 가장 심오한 기층으로 파악하였다. 성적 충동은 단순한 배설로서 끝나는 것이 아니라 그것 자체가 종교적 합일의 체험이며, 어떠한 초자연적 의미를 지니는 상징체계며, 대립적 가치들의 융합이며, 전체를 향한 인간의 끊임없는 도약이었다. 성은 단순한 육욕의 향연이 아니라, 초월적 사랑이며, 신적인 영감이며, 인간의 가장 근원적이고 보편적인 갈망과 고귀함의 상징이었다. 개인의 단순한 성적 충동이 일으키는 부적절한 억압의 사태는 인간에게 콤플렉스(complex)라는 것을 만든다. 프로이드가 정신분석의 대상으로 삼은 것은 바로 이 콤플렉스다. 이 콤플렉스가 구성하는 세계는 개인적 무의식(the personal unconscious)이라고 부른다. 융은 이 개인적 무의식의 세계를 부정하지 않는다. 융이 다루고자 하는 본능의 세계는 바로 개인적 무의식의 세계가 아니라 그보다 더 심층에 놓여있는 집단적 무의식(the collective unconscious)이라고 부르는 세계다. 이 집단적 무의식은, 개인적 무의식이 콤플렉스로 구성되어 있는 것에 비해, 아키타입(archytype)으로 구성되어 있다. 바로 이 아키타입이라는 것이 본능의 언어들인 것이다. "집단적"이라는 말은 "문화·민족집단의 단위"를 말하는 것도 아니며, 라마르크적인 습득형질의 유전을 말하는 것도 아니다. "집단적"이라는 말은 그러한 후천적 개념이 아닌, 선험적이고 보편적이며 원초적이고 조형적인 것이다. 인간이기 때문에 공유하는 가장 원초적인 언어다. 그 언어는 반복으로 성립하는 것이다. 예를 들면 "엄마"는 가장 대표적인 아키타입이다. 인간의 성장과정에서 엄마처럼 반복되는 것은 없다. 엄마의 뭉클한 젖의 느낌, 엄마의 품에서 나는 향기, 엄마라고 반복되는 부름, 엄마에의 의존, 엄마의 양육과 훈육, 엄마 부재의 공포, 엄마와의 갈등 …… 이 모든 것이 나에게 특정한 존재로서 문제를 일으킬 때는 그것은 콤플렉스로 개인무의식에 저장되지만, 그 개인무의식을 떠난 보다 본원적의 엄마의 느낌은 개체적 존재의 이미지를 떠나, "대지," "자궁," "생산," "여신," "마녀," "음," "그늘," "유약" 등으로 조형화된다. 그것은 성모마리아가 될 수도 있고 아프로디테·비너스가 될 수도 있고, 서왕모가 될 수도 있고, 여와(女媧)가 될 수도 있다. 개인적 엄마를 넘어서는 우주적 엄마, 보편적 엄마, 즉 엄마성(母性) 그 자체도 조형화 되는 것이다.

반복되는 낮과 밤, 해와 달, 양지와 그늘, 파종과 수확, 이 모든 것들이 인간의 아키타입을 구성하고 이 아키타입의 언어들이 모여 무한한 상상력을 자아내고, 인간의 신화를 구성해내는 것이다. 이러한 신화를 통해 인간은 삶의 의미를 발견하고 사실과의 합치여부를 떠나, 그들의 삶의 현실에 보다 의미있게 적응할 수 있는 가치의 체계를 발견하는 것이다. 앙코르의 유적군은 바로 이러한 신화의 물리적 구현의 극단적 파노라마라고 해야 할 것이다.

여기 프레아 코의 린텔을 창출한 천재적 예술가에게 있어서 여인의 음문(陰門)은 칼라의 입구멍으로, 또는 시바의 링가와

프놈 바켕 정상의 링가. 시바의 성기에 해당.

요니로, 허벅지는 나가로 아키타입화한 것이다. 어떤 개인적 체험, 그러니까 자기 부인의 성기를 심미적으로 묘사하고 있는 것은 아니다. 퍼틸리티 컬트의 모든 가능성을 심미적으로 아키타입화하여 표현한 것이다. 나가도 개별적 "뱀"이 아니라 조형

화된 상징인 것이다. 나가(Naga)는 용(龍)으로 한역(漢譯)되는 것이다.

시바숭배가 인도에서도 그토록 베다의 거룩한 신들을 물리치고 대중성을 획득한 이유로서, 많은 학자들이 시바숭배가 아리안족 이전의 토착신앙(pre-Aryan autochthonous cult)과 결부되어있기 때문이라고 주장한다. 성기숭배(phallic worship)의 조형적 형태가 이미 하랍파와 모헨죠다로의 유적에서 발견되고 있다. 우리나라의 평범한 시골 성황당에서도 수없이 발견되듯이, 아마도 그것은 인간의 내면의 가장 본능적 보편성에서 우러나오는 컬트의 형태라 보아야 할 것이다. 그런데 크메르문명의 유적들을 일별할 때 가장 눈에 뜨이는 사실은 인도에서 그 유례를 찾기 힘들 정도로, 나가 컬트(Naga cult, 뱀 숭배)가 그 대세를 장악하고 있다는 것이다. 크메르는 뱀의 나라, 뱀의 문명이라고 말해도 과언이 아닐 정도로 뱀과 관련된 온갖 신화적·예술적 표현으로 지배되고 있다.

인도에서도 뱀의 전승(serpent lore)에 관한 언급은 일찍이 베다문학이나 힌두의 신화(카드루[Kadru]와 비나타[Vinata]의 이야

기 등: 비나타의 아들이 가루다)에서 많이 찾아볼 수 있지만 부정적인 맥락이 대부분이며 어떤 본격적인 신화적 전승의 주류를 차지하고 있지는 못하다. 그런데 인도문학에서 나가신앙이 주류적 위치를 차지하면서 전면에 부상하는 것은 재미있게도 불교문학에서 본격적으로 시작되는 것이다. 싯달타와 관련된 나가신앙은 독, 불, 죽음, 악신의 이미지가 아니라 밥, 물, 생명, 선신의 이미지로서 변모되어 나타난다. 싯달타가 마야부인에게서 태어날 때 하늘에 두 용왕이 찬물과 더운물을 각기 들고 있다가 물을 끼얹어 목욕시켰다는 여러 가지 형태의 전승(龍王灌水, 『未曾有法經』, 『佛本行集經』, 『修行本起經』, 『釋迦譜』 등), 그리고 싯달타의 6년고행 후 나이란쟈나강(尼連禪河)에서 목욕하고 우루벨라의 여인 수자타(Sujata)에게서 유미공양(乳糜供養)을 받고 기력을 회복하여 보리수나무 밑에서 득도의 체험이 가능해졌다는 이야기 중에서 바로 여인 수자타가 용왕(나가라자)의 딸이라는 전승(이 전승에서 때로는 수자타가 난다[Nanda]와 난다발라[Nandabala]라는 두 여인으로 나타난다. 앞의 목욕전승의 두 용왕도 두 여인으로 묘사되기도 한다), 보리좌찬가(菩提座讚歌)의 칼라(Kala) 용왕 전승, 무차린다 용왕(Mucalinda-nagaraja)의 비호와 귀불의 전승, 기타 용왕의 항복담과 예불담의 전승, 그리

고 라마가마(Ramagama) 용왕이 사리탑을 건립하여 공양한 이야기전승 등 다채로운 나가신화가 불교의 설화문학과 예술세계를 장식하고 있는 것이다. 이때 나가는 인도인들의 관념 속에서는 코브라(Cobra de Capello)의 형상과 관련되어 있다. 코브라는 맹독성의 동물이며 실제로 인도인들에게 공포의 대상이었다. 1919년 통계로 일년에 약 2만명의 인도인들이 독사에게 물려 목숨을 잃었다. 공포는 외경으로 승화되고, 외경은 친근과 사랑으로 역전된다.

산악지대에서 가장 공포스러운 것은 호랑이였다. 실제로 우리나라의 민중의 삶 속에서 호환(虎患)은 리얼한 위협이었다. 강원도 두메산골에서 아들을 홀로 놀게두고 김매던 아낙이 잠깐 눈을 돌린 사이에 호랑이에게 아들이 먹히고만 가슴아픈 이야기는 비일비재하다. 밭 언저리의 돌무덤이 수없는 호환의 유적이다. 그런데 민중의 설화 속에서 호랑이는 토끼에게도 놀림을 당하는 코믹한 존재며, 까치와 더불어 상서롭고 길한 존재로서 나타난다. 즉 공포의 대상이 아닌 사랑스럽고 친근한 존재로 나타난다.

앙코르 와트. 나가 모티프의 난간. 한 몸통에 일곱 대가리.
독사의 이빨과 비늘의 모습이 리얼하다.

늪지대에서 가장 공포스러운 것이 뱀이라면, 뱀의 이미지 또한 그러한 역전의 논리 속에서 신화화되고 있는 것이다. 기실 뱀은 코브라와 같은 독사만 있는 것이 아니라 집구렁이 같이 집안 환경을 온갖 해로운 것으로부터 보호해주는 친근한 이미지를 가지고 있는 것도 있다. 뱀이 없다면 들쥐가 날뛰게 되어 생태계가 파괴된다. 뱀은 지하에 살며, 물 속에 산다. 그것은 땅과 물의 신으로서 조형화된다. 그것은 대지의 생산력의 보호자며, 물 속에 함장되어 있는 모든 에너지의 수호자이며, 마을의 안정과 번영을 가져오는 비호의 영험스러운 존재였다.

불교문학의 나가신앙은 비아리안계문화(non-Aryan culture) 임이 명백해진다. 유대인들의 창세기설화에서도 뱀이 실락원 의 주역이었듯이, 인도 아리안계통의 신화 속에서는 뱀은 인간 에게 풍요로움과 사랑을 가져다주는 존재라기보다는 간악한 지혜로서 인간에게서 소중한 것을 빼앗아가고 파멸에 이르게 하는 존재로서 더 많이 형상화된다. 불교가 나가신앙을 적극적 으로 도입하게 된 것은 바로 나이란쟈나강 유역 우루벨라의 토 착적 나가신앙의 영향으로 간주되는 것이다. 크게는 간지스강 유역 평원으로부터 벵갈만 지역을 거쳐 캄보디아에 이르는 지 역의 토착문화가 나가신앙의 토템벨트라는 사실이 인지되어야 한다. 즉 인도의 나가예술이 캄보디아의 토착적 나가신앙과 결 합하면서 비약적인 발전을 하게 되는 것이다. 항시 문명의 교 류는 자기에게 내재하는 본래적인 것을 보다 극대화시키는 경 향을 가지고 있다. 백제나 신라의 어느 측면을 일본의 나라·헤이안문화가 보다 극명하게 부각시킨 측면이 있다면, 마찬가 지로 인도에서 건너간 예술가들이나 그들에게서 영향을 받은 크메르인들은 앙코르 지역의 토착적 정서를 살려가면서 마음 껏 자유롭게 나가숭배의 다채로운 신화를 발전시켰던 것이다.

카운디냐와 소마공주의 건국설화에 대한 은유로서 이 프레아 코의 린텔을 바라보게 되면 마치 소마공주의 부왕인 나가라자가 대지의 물을 들이켜 새 땅을 드러내게 하는 장면을 연상할 수도 있다. 그래서 말달리고 정복해나가는 새로운 국가건설의 모습을 나타낸 것일 수도 있다. 상상은 자유다! 신화적 상상력은 궁극적으로 그 신화를 창조한 사람의 내적 의미의 세계인 것이다. 크메르제국의 예술가들은 인도신화의 캐릭터와 설화유형을 빌렸을지언정 그것에 대한 사전적·경전적 규정에 전혀 구애받질 않았다. 결국 그 모든 것은 포크로아(folklore) 즉 민간전승일 뿐이며 자연스럽게 형성된 것이다. 크메르인들은 그러한 캐릭터를 자유롭게 활용할 줄 알았으며 설화유형을 자유롭게 변조시킬 줄 알았다. 따라서 유니크한 자신들만의 만다라를 과감하게 창조할 수 있었던 것이다. 그것이 바로 오늘날 우리에게 자태를 드러내고 있는 크메르문명의 영화요 쇠망이었다.

나의 프레아 코 참관기는 여기서 마감되어야 할 것 같다. 유난히 젖가슴이 풍만한 데바타의 아리따운 자태에 대한 매혹, 그녀가 두른 치마의 양식적 특성에 관하여 나의 그칠 줄 모르

173

는 언어를 자제한 채, 나를 기다리고 있었던 다음의 어마어마
한 충격으로 붓을 옮겨야 할 것 같다.

프레아 코의 난디. "신성한 소"라는 뜻의 신전이름이 이 소에서 유래되었을 것이다.

앙코르 와트·월남 가다(上)

롤루오스지역에는 프레아 코 외로도 바콩(Bakong)신전과 롤레이(Lolei)신전이 있다. 인드라바르만 1세를 계승한 야소바르만 1세(889~910)가 905년에 프놈 바켕(Phnom Bakheng, 앙코르지역의 센터)이라는 곳으로 수도를 옮기기 전에 불과 30년도 채 안되는 사이에 집약적으로 지어진 것이다. 시간이 없어 롤레이는 가보지 못했다. 11시 30분경 우리가 도착한 곳은 바콩신전이었다. 프레아 코에서 불과 400미터밖에 떨어지지 않은 곳에 위치하고 있는 인드라바르만 1세 자신의 영묘였다. 물론 이것은 자신의 치세기간에 자신의 관이 들어갈 자리를 생각하여 미리 지어놓은 것이다.

그런데 예기치 못했던 어마어마한 스케일에 나는 경악을 금치 못했다. 사실 앙코르 유적의 모든 양식은 프레아 코에서 시작해서 바콩에서 끝난다고 말해도 결코 과언이 아니다. 입구에서 나를 기다리고 있었던 것은 7개의 대가리를 넘실거리면서 대지를 휘덮고 있는 거대한 나가였다. 그것은 내가 앙코르에서 경험한 최초의 경악이자 최대치의 숭고미였다. 임마누엘 칸트의 『판단력 비판』의 숭고를 뛰어넘는 숭고였다. 거대한 몸뚱아리를 땅에 깔고있는 두 마리의 나가를 보았을 때 우리 일행 중아악 비명소리를 안지르는 사람이 없었다.

앙코르 와트 · 월남 가다(上)

바콩사원 크즈웨이(신도) 나가

바콩의 엔클로저. 이 담은 이미 중간벽이다.

바콩이 중요한 이유는 바콩이야말로 향후 앙코르지역의 모든 거대한 신전의 모델을 제공했기 때문이다. 바콩의 설계를 잘 살펴보면 이미 모든 앙코르 신전에 공통된 디프 스트럭쳐를 발견할 수 있는 것이다. 우선 뻐스가 도착한 입구광장에서 보면 길게 뻗친 거대한 담이 나타난다. 담을 보통 엔클로저(enclosure)라 말하는데 우리나라 토담 위에 기와를 얹은 형태와 기본 스트럭쳐는 같다. 그러나 이곳의 외벽담은 육중한 홍토벽돌(laterite)로 이루어져 있다. 키가 낮고 엄청 두툼하다. 낮은 키로 보아 그것은 결코 군사적 목적을 가진 담이 아니었음이 명백해진다. 그것은 성(the sacred)과 속(the profane)을 구분하기 위한 단순한 상징적 조형이었다. 여기서 우리는 크메르제국의 유적의 근원적 성격을 생각해둘 필요가 있다. 그것은 결코 군사적 요새로서 지어진 것이 아니라 그들의 신화적 열망이 지어낸 것이다. 크메르문명은 신화가 만든 문명이었다. 그리고 그 신화는 마야문명보다는 더 인간적이었다.

바콩의 외벽 규모는 이미 어마어마하다. 기실 우리의 뻐스가 들어온 길은 최외벽을 지나쳤다. 우리는 이미 외벽이 아닌 중간벽의 동쪽 고푸라(gopura) 앞에 와있는 것이다. 고푸라라는 것은 신도(causeway)와 벽이 만나는 지점에 십자모형으로 지어진 현관(gateway)을 말한다. 바콩신전은 세 벽으로 겹겹이 싸여있다.

	바 콩	cf.앙코르 와트
최외벽 Third Enclosure	900m × 700m	1.5km × 1.3km
중간벽 Second Enclosure	400m × 300m	1025m × 802m
내 벽 First Enclosure	160m × 120m	332m × 258m

앙코르 와트의 들어올려진 나가 난간

　최외벽과 중간벽 사이에 3m 깊이의 바깥해자(outer moat)가 있는데 그 표면적은 무려 15헥타르에 이른다. 우리의 뻐스가 정차한 곳은 중간벽이 시작하는 곳이다. 대부분의 신전은 동서를 축으로 하여 대칭을 이루고 있다. 그리고 동향이다. 동쪽으로부터 시작하여 정중앙의 축에 신도가 나있다. 신도(神道)를 보통 코즈웨이(causeway)라 하는데, 그것은 둑방이라는 뜻이다. 대부분의 신도가 해자의 중앙에 제방길로 되어있기 때문에 그런 이름이 붙는 것이다. 중간벽과 내벽 사이의 기다란 제방의 신도 양옆에 거대한 나가(龍)가 배를 땅에 깔고 있다. 이러

앙코르 와트·월남 가다(上)

쳐든 나가 머리 밑 배때기

한 구조는 바콩에서 처음 시작된 것이다(인도에서도 찾아보기 힘들다). 그리고 이 구조는 앙코르 와트에 가면 난간구조로 바뀐다. 즉 나가가 배를 땅에 까는 것이 아니라 난간 기둥 위(balustrade)로 올라와 앉게 되는 것이다. 그러니까 제2벽을 지나자마자 7머리를 한 거대한 두 마리의 나가 대가리가 우리의 시선을 덮친다. 그 마제스틱한 모습은 가히 장관이다. 고개를 쳐들고 무서운 이빨을 히죽이며 부리부리 눈을 뜨고있는 모습은 쥬라기공원의 티라노사우루스를 연상시킨다. 그런데 정말 기막힌 것은 실제 뱀의 배때기에 있는 주름의 리얼한 묘사다.

그 자연스러운 곡선의 묘미에 심미적 감각이 있는 사람이라면 혀를 차지 않을 수 없다. 그런데 나가가 머리를 쳐든 배때기에는 반드시 동그란 인장이 새겨져 있다. 이러한 나가의 모습은 이미 바르후트(Bharhut) 스투파의 불전도(佛傳圖)에서 나타나고 있지만 배때기의 인장은 보이지 않는다. 이 인장은 나가라 즉 용왕의 권위를 상징하는 마제스틱한 엠블렘일 것이다. 그러니까 우리나라 왕의 곤룡포 한가운데 있는 원형의 흉배와도 같은 것이다. 그 문양은 매우 기하학적인 심볼로 되어있는데 그와 똑같은 문양을 왕관의 이마 정중앙의 위치에서도 쉽사리 발견할 수 있다. 그런데 앞서 린텔의 해설에서 말한 바대로, 우리는 이 양옆의 나가를 발꼬락을 치켜들고 다리를 주욱 뻗고 있는 아주 섹시한 여인의 양 허벅지로 생각할 수도 있다. 우리는 여인의 양 허벅지 사이로 걸어 들어가게 되는 것이다. 이 허벅지가 만나는 곳에는 과연 무엇이 있을까? 그곳에는 여성의 음문이 기다리고 있을 것이다. 모든 지성소(무덤)가 음문적 성격을 지닌다는 것은 너무도 당연한 우리의 일상적 아키타입의 상징적 표현일 뿐이다.

생각해보라 ! 우리 조상들의 산소를 ! 산소는 보통 둥그런

우리나라 태릉. 중종계비 문정왕후가 묻혀 있다.

둔덕으로 되어 있지만 속에 관이 누워있는 머리쪽으로 둔덕이 좁아지면서 연결되고 그 양옆으로 큰 둔덕이 둘러쳐져 있는데 (사성[莎城]이라 부른다) 이것은 그 묘의 혈자리가 위치한 좌청룡·우백호를 압축적 형태로 조성한 것이다. 그러나 그 모양을 전체적으로 보면 여자의 성기의 음순에 해당되며 묘가 위치하고 있는 곳은 정확히 자궁으로 들어가는 질구에 해당되는 것이다. 우리의 선조의 묘역의 모습은 정확히 여자의 성기의 모습을 닮고 있다. 인간은 태어난 구멍으로 다시 되돌아갈 뿐이라고 하는 대지의 철학을 우리조상들은 슬기롭게 표현했다면, 앙코르의 거대신전 또한 동일한 아키타입의 디프 스트럭쳐를 웅장하고 다채롭게 표현했을 뿐이다.

  두 나가를 따라가는 안쪽해자의 제방에는 한국의 들판에서는 도저히 체험키 어려울 정도로 많은 나비가 어지럽게 춤추고 있었다. 파랑, 빨강, 흰나비, 형형색색의 선명한 태극무늬를 자랑하며 제방의 싱그러운 야생화의 향기를 쫓고 있었다. 그러나 그 장관을 도저히 카메라에 담을 수는 없었다.

이제 제3의 벽, 그러니까 안쪽의 엔담을 들어서면 정면으로 다섯 층 기단 위로 우뚝 솟은, 수미산을 상징하는 시바신전이 눈에 들어온다. 사암으로 뒤덮여 있는 바콩의 색깔은 폐허의 칙칙함에도 불구하고 우리에게 낯익은 황토의 환한 느낌을 던져준다. 다섯 층 기단 위에 솟아있는 신전 시카라(sikhara, 신전의 지성소가 자리잡고 있는 봉우리)도 또 다시 다섯 단으로 되어있고 네 모퉁이에는 무엇인가 뾰족하게 안쪽으로 감싸며 올라와 전

비롱사원 전경

체적으로 불꽃같은 느낌을 주는데, 그 모서리의 화염모양도 역시 나가 대가리다.

다섯 층의 피라밋 기단은 점점 폭이 좁아지기 때문에 시카라 신전이 가파르게 높게 보이는 효과가 있다. 이 다섯 개의 기단은 각기, 나가(nagas)의 세계, 가루다(garudas)의 세계, 락샤사스(rakshasas)의 세계, 약샤(yakshas)의 세계, 그리고 최상단은 신들과 대왕들(Maharajas)의 세계를 상징하고 있다. 제1·제2·제3기단의 4모퉁이에는 코끼리가 있고, 제4기단에는 각면에 4개씩으로 보이는 동일간격으로 배열된 12개의 작은 탑들이 있다. 그 탑에는 시바의 상징인 링가가 모셔져 있었다. 이 바콩신전은 881년에 봉헌된 것이다. 제5기단까지의 높이는 14m, 제5기단 위에 솟아 있는 시카라의 높이는 15m이다.

이 시카라의 동쪽 입구문은 열려있고 나머지 세문은 모두 가문이다. 문위에는 린텔이 있고, 린텔 위에는 삼각형모양의 프론톤(Fronton)이라는 새로운 양식의 조각이 있다. 이러한 양식은 반테이 스레이에서 비약적으로 발전한다. 문과 문사이의 이중의 벽감에는 여신들이 조각되어 있는데 동쪽 정면을 바라보

바콩의 다섯층 피라밋 기단

제3기단 모서리의 코끼리

바콩의 시카라

면서 왼쪽(SE)에 나타나는 두 여신의 모습이 매우 인상적이다. 프레아 코의 여신의 모습에 비하면 치마의 주름이 매우 선명하고 허리의 장식도 리얼하다. 치마는 요즈음의 월남치마처럼 휘감아 묶는 것이다. 뒷쪽 벽감의 여인의 머리에는 예외적으로 압사라 춤을 추는 무희에게서 볼 수 있는 세 봉우리의 금관이 올라가 있다. 앙코르 와트에서 볼 수 있는 다양한 압사라의 모습의 선구라 해야 할 것이다. 그녀의 나지막하게 내리깔은 입술은 우리나라 신라시대의 금동미륵보살반가상(국보 제78호)의 미소를 연상케 한다. 재미있는 것은 여기의 여신들이 입은 치

앙코르 와트·월남 가다(上)

마는 비치지 않는다. 고구려벽화속의 여인들이 입는 치마도 그렇게 주름이 잘 잡혀 있는데, 아마도 비슷한 재질의 천이었을 것이다. 그런데 앙코르 와트엘 가면 압사라 무희들의 옷은 비친다. 치마속의 몸뚱아리가 그대로 비친다. 아마도 제국이 강성해지면서 중국으로부터 비단갑사와 같은 비치는 고급재질의 천이 수입되었을 것이다. 하늘거리는 비단천에 주름은 사라지고 대신 수놓은 꽃무늬가 자리잡고 있다. 물론 속빤쓰는 입지 않았다. 치마위로 장식용 거들을 둘러 살짝 가렸을 뿐이다. 그러니까 걸어다니거나 춤출때 살짝살짝 음모가 보였을 것이다. 요즈음 우리들의 도덕적 관념보다 크메르인들은 훨씬 자유로운 삶을 즐겼다.

1296년부터 1297년까지 원나라사신으로 1년간 머문 주달관(周達觀)의 리얼한 기록에 의하면, 크메르인들은 혼탕을 즐겼다. 거대한 호수목욕탕에 남녀노소 그리고 귀족·평민을 불문하고 같이 물에 들어가 씻는다. 보통 천단위로 셀만큼 사람들이 많다. 아리따운 자태의 귀족부인이나 관속의 부녀자들도 대낮이나 저녁을 불문하고 서슴치 않고 걸친 옷을 벗고 들어간다. 오히려 서민들의 여성은 목욕탕에 들어갈 때 왼손으로 음

바콩의 압사라. 원초적 모습. 치마 속이 안비친다.

앙코르 와트·월남 가다(上)

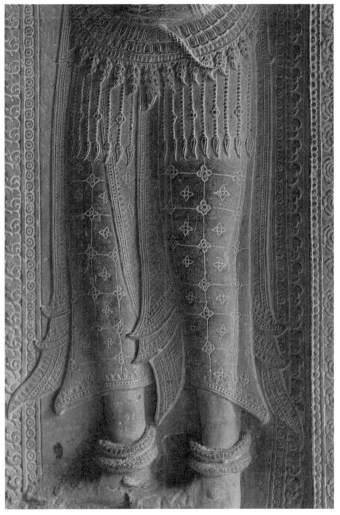

앙코르 와트의 압사라. 세련된 모습. 치마 속이 비친다.

부를 살짝 가리고 들어가는 것이 예의로 되어 있으나, 아름다운 상층부의 여인일 수록 오히려 가리지 않고 당당하게 들어간다. 서민들과 자연스럽게 섞이는 것을 조금도 수치로 생각치 않는 것이다. 그리고 머리부터 발끝까지 완전히 사람들에게 노출되어도 전혀 개의치 않는다. 이러한 장관을 외국인인 중국사

스라 스랑 왕실목욕탕. 폐허로 남아있지만 예전에는 화려했을 것이다.

람들은 강둑에 앉아 보면서 즐기는 것을 소일의 취미로 삼는 사람이 많다고 한다. 어떤 극성분자들은 그 쾌락을 보다 가까이서 즐기기 위하여 귀부인들이 잘 들어오는 영역에 먼저 들어

가 모르는척 몰래 기다리는 사람도 많다고 한다. 그러나 이러한 행위는 전혀 예의에 어긋나거나 지탄받는 행위가 아니다. 성밖의 큰 강에 이러한 광경은 하루도 없는 날이 없다고 한다. 목욕장면이야말로 외국인들에게는 최대·최고의 영화스크린이었을 것이다. 그 광경을 보면서 음탕한 담론을 즐겨도 누구

해자로 둘러싸인 앙코르 와트. 이런 곳에서도 자유롭게 목욕했다.
왼쪽으로 내려가는 돌계단이 보인다. 간지스강의 가트를 연상시킨다.

하나 아랑곳하지 않았던 것이다.(至河邊脫去所纏之布而入水。會聚於河者, 動以千數。雖府第婦女, 亦預焉, 略不以爲恥。自踵至頂, 皆得而見之。城外大河, 無日無之。唐人暇日, 頗以此爲遊

歡之樂, 聞亦有就水中偸期者。)

　우리 어렸을 때도 동네 마을의 개천에서 남녀노소가 혼욕하
는 상황은 많았지만, 꼭 잘 보이지 않을 저녁을 택했다는 것, 그
리고 처녀그룹과 총각그룹 사이에는 반드시 일정한 거리가 있
었다는 것을 생각하면 캄보디아인들은 보다 개방되고 자유로
운 삶을 누렸던 것 같다. 그리고 이러한 풍속으로 유추해보아
도 크메르제국은 인도와 같은 카스트사회가 아니었으며, 신분
상의 귀천은 있었지만 그 귀와 천이 비교적 자유롭게 소통되는
어떤 예속(禮俗)의 공간이 있었던 것으로 생각된다. 1123년에
고려를 다녀갔던 송나라 사절 서긍(徐兢)이 쓴 『고려도경』에도
냇갈에서 자유롭게 남녀가 목욕하는 장면이 묘사되어 있는데
고려사회의 모습은 유교적 관념에 사로잡힌 조선조사회와는
달리 오히려 크메르의 풍습에 가까웠을 것이다.

　한마디 더 집요하게 추구하자면 빤쓰를 안입은 여인들이 월
경때는 어떻게 다녔을까? 이에 대한 대답은 매우 간단하다. 고
대사회에서는 대체로 여성은 월경때는 격리되고 밖으로 다니
지를 않는다. 요즈음의 여성들은 탐폰이나 패드의 위력에 정말

감사해야 할 것이다. 여성은 패드 때문에 활동의 자유를 얻었고 또 동시에 기맥힌 휴식의 기회를 박탈당했다.

바콩신전의 시카라의 동쪽 문 린텔 위 프론톤에는 춤추는 시바의 모습이 그려지고 있다. 방기된 사이에 다 깨져버렸지만 우리는 이 깨져버린 시바 나타라자(Shiva Nataraja, Natakeshvara)의 모습에서 오히려 더 강렬한 코스믹 댄싱의 위력을 느낄 수있다. 시바의 춤은 파괴의 춤이다. 그것은 모든 악의 힘을 제압하는 춤이다. 밭도 갈아엎어야 씨를 뿌릴 수 있듯이, 시바의 춤은 생산의 춤이다. 새로운 질서와 새로운 시간을 창조하는 춤이다.

바콩 동쪽문 린텔 위 프론톤. 시바 나타라자.

북쪽 프론톤에는 마왕 라바나의 아들인 인드라지트(Indrajit)의 성난 뱀과도 같은 화살에 수없이 맞아 전신에 붉

바콩 북쪽 문 프론톤

은 피를 흘리며 쓰러져 있는 락슈마나(Lakshmana)를 라마와 하
누만 그리고 그의 원숭이들이 걱정스럽게 바라보고 위로하고

있는 모습이 보인다.(어떤 버전에는 인드라지트가 쏜 화살이 뱀으로 변하여 락슈마나의 몸을 칭칭 감아버린다. 아랫단에는 원숭이들이 겁에 질려 끼익끼익 거리고 있고 위에는 뱀과 천적인 가루다가 하늘에서 내려와 뱀을 부리로 쪼아 풀어주고 몸의 상처를 어루만져 낫게 해준다. 여기 조각은 『라마야나』 원작보다는 이 버전에 충실한 것으로 보인다.) 락슈마나는 옆으로 누운채 들것 위에 있다. 원숭이들의 표정에는 애통과 근심과 환호가 동시에 잘 표현되어 있다. 심하게 파손되어 있지만 그 느낌을 잘 전달해준다. 『라마야나』(Ramayana)는 시성으로 추앙받는 왈미끼(Valmiki)의 작품으로 되어 있으나 그것은 BC 200년에서 AD 200년 사이에 서서히 축집되어 성립한 것으로 보인다. 이 『라마야나』의 이야기는 크메르사람들에게는 매우 매혹적인 것이었다. 왜냐하면 크메르의 왕들은 자신을 『라마야나』의 주인공이며 신적인 존재인 라마(Rama)와 동일시하는 것이 매우 유리했기 때문이었다. 라마는 완벽한 인간의 모든 속성을 구비하고 있었다. 양보할 때 양보할 줄 알고, 의리와 신의를 지키며, 불의에 굴복치 않고, 미래를 향해 역경을 헤쳐가는 모습, 그러면서도 냉정을 잃지 않는 침착한 모습을 항상 지니고 있었다. 아버지에게는 아버지의 이상을 구현하는 위대한 아들이며, 부인에게는 외도에

빠짐이 없이 한결같은 사랑을 퍼붓는 충직한 남편이었다. 그리고 비슈누의 화신으로서 의미가 부여되면서 신적 경외의 대상이 되었던 것이다.

이러한 라마, 즉 캄보디아의 왕이 하누만의 원숭이로 상징되는 캄보디아의 토착세력들을 규합하여 라바나로 상징되는 외세와 싸워 승리하는 모습은 캄보디아인들에게는 국론을 통일시킬 수 있는 어떤 구심점을 제공하는 신화적 의미체였을 것이다. 그리고 시타는 캄보디아의 상징으로 적합한 신화적 존재였다. 왕의 의무는 바로 시타를 적(라바나)의 손에서 해방시키는 것이다. 해방! 해방! 이것은 언제나 국민들에게는 위대한 복음의 멧세지인 것이다.

캄보디아의 영원한 성웅으로서 오늘날까지 존경받는 자야바르만 7세(1181~1219치세)는 라마가 14년간 숲에서 망명세월을 보내야 했듯이 기나긴 13년의 세월을 박해를 받으며 유랑의 세월을 보내야했다. 그리고 참족의 지배로부터 크메르를 다시 탈환하고 왕의 지위에 올랐다. 그의 생애는 『라마야나』 속의 라마의 생애와 매우 비슷하다. 자야바르만 7세는 정복자로서는

맹렬한 투사의 이미지를 가지고 있지만, 그의 얼굴을 옮긴 돌
조각은 지긋히 눈을 감고 미소짓고 있다. 그가 신앙했던 해탈
자로서의 붓다의 이미지와 냉정한 시타의 탈환자로서의 라마
의 이미지가 겹쳐있다고 해야할 것이다.

서쪽 프론톤에는 거대한 나가 아난타(Ananta) 위에서 편안하
게 팔벼개하고 두루누워 우유의 바다위에 둥둥 떠있는 비슈누
의 모습이 새겨져 있다. 비슈누의 다리는 무릎꿇은 락슈미

서쪽 프론톤

프레아 칸. 아난타 위에서 잠자고 있는 비슈누

(Lakshmi) 위에 얹혀져 있는데 락슈미는 잠자는 비슈누의 다리를 마사지하고 있는 것이다. 비슈누는 유지의 신이기 때문에 이렇게 편안한 잠을 통하여 우주를 유지하고 있는 것이다. 바콩의 조각은 심하게 파손되어 있지만 똑같은 형태의 조각이 프레아 칸(Preah Khan)에 보존되어 있어 그 전모를 쉽게 유추해볼 수 있다. 재미있는 것은 용이 네발달린 짐승으로서 묘사되어 있는데 이것은 서양인들이 그리고 있는 드래곤의 이미지에 더 가깝게 오는 것이다. 아마도 캄보디아인들이 쉽게 볼 수 있었던 께꼬(벽 도마뱀)를 모델로 했을 것이다. 이 바콩신전은 인드라바르만 1세가 현 롤루오스지역에 세운 수도 하리하랄라야

(Hariharalaya)의 센터였다.

　"하리하랄라야" 란 "하리-하라"(Hari-Hara)로부터 유래된 이름인데, 이것은 시바와 비슈누를 합한 신의 이름이다. 이 바콩 신전은 바로 수미산(Mount Meru)의 상징이었다. 앙코르 와트는 그 봉우리가 5개의 시카라를 형성하여 주변 메루산맥 봉우리들까지 다 표현했지만 바콩은 중앙의 수미산 하나만을 표현한 것이다. 그리고 그 동·서 정중앙의 수미산 중심 축에, 동문에다가는 춤추는 시바를, 서문에다가는 잠자는 비슈누를 새겨넣었던 것이다. 그리고 북문에다가는 『라마야나』의 장면을, 남문에다가는 『마하바라타』에 나오는 악마와 신들의 "우유바다 휘젓기"(The Churning of the Sea of Milk)를 새겨 넣었던 것이다. 남문의 프론톤이 가장 심하게 파괴되어 그 형태를 알아보기 힘들게 되어 있으나 양쪽으로 신(바라보고 왼쪽)과 악마(바라보고 오른쪽)들이 마주보고 줄다리기를 하는 형

바콩
중앙신전
남문

상이 남아있고, 그 위에
는 거북이·가루다·비
슈누신 등 관련된 이미
지가 조각된 것으로 보
인다. 하여튼 이 바콩신
전의 4문에 새겨진 매우

원초적 형태의 조각에서 이미 앙코르 유적군의 신화구조의 대
강을 다 찾아낼 수가 있다는 것은 매우 놀라운 일이다.

그리고 특기할 것은 남쪽의 제5·제4기단의 사암벽면에 이
후의 앙코르 와트와 앙코르 톰의 벽화의 효시를 이루는 릴리프
(relief, 부조)가 새겨져 있는데, 하도 마모되어 그 모습을 알아보
기 어려우나 제4단의 한 사암조각이 선명하게 그 찬란한 부조
를 드러내고 있다. 전쟁에서 패배당하고 있는 놀라고 일그러진
아수라들의 표정이 매우 강렬하게 묘사되고 있다. 맨 오른쪽
가생이에 있는 아수라는 두손으로 칼을 쥐고 있는데 그 팔뚝과
삼각근의 근육이 매우 역동적으로 섬세하게 표현되고 있다. 팔
뚝과 손목과 목에 장식을 한 모습, 그리고 훈도시같은 삼포트
(sampot)를 점맨 궁둥이의 모습이 당시의 전사들의 사실적 자

바콩 남쪽 기단의 벽돌 속에 새겨진 조각. 원래 이런 부조가 많은 벽돌에 있었을 것이다.

태를 그려내고 있다. 좁은 한 벽돌의 공간에 6명의 아수라를 담고 있는 이 솜씨는 피카소의 『게르니카』를 너무도 초라하게 만드는 앙코르 와트의 위대한 조각의 모든 가능성을 암시하고 있다.

5단 피라밋드 신전의 꼭대기에서 내려다보면 4면의 지면에 두개씩 총 8개의 작은 탑이 둘러 서있다. 작은 탑이라고 해야 중간의 피라밋드 신전의 탑에 비하면 작지만 그 하나 하나가

바콩 피라밋 주변 여덟개의 탑중 하나

앙코르 와트·월남 가다(上)

프레아 코의 6개의 신전들의 양식과 규모에 비견할 만한 것이다. 중앙의 피라밋드 신전은 대부분이 사암을 소재로 한 것이지만 주변의 작은 탑들은 프레아 코의 것과 동일한 소재의 벽돌로 만든 것이며 문기둥과 린텔 그리고 기단과 층계부분만 사암을 썼다. 그리고 데바타스와 드바라팔라스가 문옆을 지키고 있는 모습도 동일하다. 동쪽의 두개는 거의 다 파괴되어 기단만 남아 있고 서쪽의 두개는 싸이즈가 좀 작으나 잘 보존되어 있다. 정교한 린텔들이 프레아 코의 린텔과 연속성을 이루고 있지만 이미 양식화되어 신화적 상상력과 오리지날한 힘을 잃고 있다.

앞 동쪽의 파괴된 탑 사이에는 중앙신도를 따라 양옆으로 긴 건물이 있는데 이것을 보통 라이브러리(도서관)라고 부른다. 이 도서관의 양식은 앙코르 와트에도 그대로 계승되었다. 그러나 아무리 생각해도 이 신전에 도서관의 필요성이 절실하다고는 상상이 되질 않는다. 그리고 나뭇잎서류나 문헌을 보관하기에는 전혀 적합한 구조가 아니다. 내가 생각키에는 아마도 제식에 관여하는 악공들의 대기처나, 악기나 제기나 무희들의 의류를 보관하는 곳이 아니었을까 생각해본다. 앙코르의 연구가

동쪽 신도 양쪽의 라이브러리(상)

바콩의 사자(하)

앙코르 와트 · 월남 가다(上)

들은 대체로 제식과 관련되어 살아 숨쉬었던 음악·춤과 같은 예술적 측면을 너무 무시하는 것이 아닌가 홀로 생각해보는 것이다. 바콩에 있는 사자들은 궁둥이가 더 자신있게 튀겨 나왔다. 크메르제국의 자신있는 모습이 표출되고 있는 것이다. 어떤 놈은 엉거주춤 똥을 누고 있는 놈도 있다. 크메르 조각가들은 표현이 매우 자유롭다. 그런데 불행한 것은 샴족이 쳐들어왔을 때 크메르제국의 기를 꺾는다고 사자등 뒤로 치켜올린 꼬리를 다 잘라버렸고 어떤 것은 씨를 말리기 위해 불알을 싹둑 잘라버렸다. 일본놈들이 우리나라를 정복하고 한 짓이나 마냥 똑같은 짓이다. 패망의 서러운 역사를 이 거대한 폐허도 어김없이 간직하고 있는 것이다. 정오를 한 반시간 지나 우리 일행은 바콩을 떠났다. 그 위대한 바콩을 ! 그 황토빛 대지 위에 찬란하게 빛나는 이끼덮인 돌더미는 우리의 기억 속에 유난히 강렬한 인상을 남겼다. 보는 이 별로없는 폐허의 스산한 느낌과 강렬히 작열하는 돌조각의 서기는 앙코르의 모든 조형을 남몰래 간직하고 있었다. 입구의 널름대는 나가의 대가리로부터 우리의 뻐스는 멀어져갔다.

　캄보디아의 음식은 맛있다. 우리의 입맛에 맞는다는 차원을 떠나 캄보디아의 음식은 이 세계에서 격조있는 음식의 하나로 미식가들의 사랑을 받는다. 내가 유학하고 있었던 보스턴 캠브릿지에 캄보디아인이 크메르 루즈를 탈출, 이민와서 낸 "엘레판트 워크"(Elephant Walk)란 식당이 있었는데, 내자마자 사람들이 바글거렸고, 곧 갑부가 되어버렸다. 캠브릿지의 최고급 레스토랑이 된 것이다. 한국식당은 그토록 오래 노력해왔어도 미국인사회에서 최고급 레스토랑으로 대접받는 식당은 거의 없다. 그냥 에트닉 그룹의 유별난 맛으로 인정받거나, 한국사람들끼리 바글대는 수준에서 머물고 마는 것이다. 그런데 내가 이런 말을 하면, 한국사람은 자기반성을 하기 전에 남탓부터 한다. 한국음식이 본래 특수한 성격이 있는데다가 서구인의 문화적 편견 때문에 대접을 못받을 뿐이라는 것이다. 그리고 현실적으로 이러한 편견에서 유래한 현상은 요즈음 퍽 누그러진 편이다. 요즈음은 한국식당에도 외국인이 꽤 온다. 그러나 우리가 잊지 말아야 할 것은 한국음식은 세계시장에서 결코 존경받는 음식문화로서 대접받지 못하고 있다는 사실이다. 왜 그런가? 이것은 문화적 편견 때문만은 아니다.

첫째, 한국에서도 그렇지만, 외국에서는 더 더욱 한국음식을

바콩

하는 사람들의 99.9%가 아마츄어 쿡이라는 데 문제가 있다. 그냥 먹고살기 위해서 음식을 차린 사람들이 대부분인 것이다. 그런데 그 사람들의 대다수가 한국인의 정통적 음식문화 평균 수준 이하의 문화환경 속에서 성장했거나 미각이 개발되지 않은 사람들이다. 그래서 자기들의 입맛수준이나 쿠킹방식이 그냥 한국음식이라고 생각하지만 그것은 결코 한국음식의 정통적 수준에서 크게 미달되는 것이다.

둘째, 한국인들은 20세기 식민과 전란과 기아의 불행한 역사를 통해 음식에 대한 섬세한 미각을 상실했다. 그래서 음식에 대한 섬세한 감각을 고집하지 못한 것이다. 1960년대 전후로부터 밥에다 빠다와 왜간장을 비벼먹기 시작하면서 한국 간장에 대한 섬세한 미감은 도망가버리고 말았다. 설탕이 들어오면서 전통적인 담박한 단맛은 다 도망가버렸고, 미원이 뿌려지면서 전통적으로 그 맛을 내던 모든 다양한 방법이 생략돼버리는 것이다. 가장 결정적인 것은 된장·고추장·간장 등의 기본 소스가 인위화되면서 전통적 음식의 델리카시가 상실되어 버린 것이다. 그리고 미원같은 화학조미료를 안쓰면 음식이 성립하지 않는다고 하는 괴이한 신화에 사로잡혀 버렸다. 아무리 미원을 안쓴다해도 이미 기본 소스가 화학조미료 투성이가 되어버린 것이다.

셋째, 한국인들은 음식에 대한 미각의 델리카시가 상실되면서 천편일률적 양념을 모든 반찬의 당연한 기조로 받아들이게 되었다. 무엇이든 똑같이 맵고 짜게, 마늘·파 일곱양념을 다 집어넣어야 한국음식이라고 생각하는 고질적 병폐에 사로잡히게 되었다. 한국음식은 어쩌다 먹으면 좋을 수는 있겠지만 항상 반복되면 보편적인 음식문화의 기준에서 볼 때는 불쾌한 뒷맛만 감돌 뿐이다. 다양성 없는 천편일률적 "맛내기"방식, 이것은 정말 한국음식문화를 저질화시키는 질병이다.

넷째, 이러한 상기의 모든 문제점이 현대인의 삶의 편의주의와 자본주의 시장경제의 가격경쟁과 결탁되어 나쁜 방향으로 강화되었다. 내가 말년에 유학한 전주의 형편을 보자 해도, 전주시내에서 정성있는 전주비빔밥 한 그릇을 먹기란 거의 불가능하다. 과거 내가 어렸을 때 먹었던 맛은 찾아볼 수가 없는 것이다. 그런데 그 사정을 말하면, 우선 그런 정성을 알아주는 사람이 없고, 또 그런 정성을 들이자면 맥도날드 햄버거와 가격

경쟁이 되질 않는 것이다.

　다섯째, 가장 중요한 문제는 음식문화, 특히 외식문화를 만들어가는 사람의 도덕성과 관련있다. 상기의 문제는 분명 다 극복할 길이 있는 것이다. 그것이 장사다. 진짜 존경받는 상인이 되려면 문제를 파악하고 그것을 전문적으로 연구·극복하여 경쟁에서 이겨내야 하는 것이다. 그런데 한국의 외식문화에 종사하는 사람들은 대부분 이러한 도덕적 의지가 없다. 주어진 상황을 본질적으로 선한 방향으로 개선하려는 의지가 없다. 음식이란 최소한 내 아들에게 보약이 될 수 있겠다는 확신이 없으면 남에게도 돈주고 팔아서는 아니되는 것이다. 그런데 보약이 되기는커녕 독약이 되는 것을 뻔히 알면서도, 자기 식구에게는 안 멕일 음식을 마구 파는 것이다. 그리고 때로는 그러한 데 대한 문제의식조차 없는 것이다. 그리고는 인테리어에 돈을 들인다든가, 선전비를 많이 쓴다든가, 호객행위를 한다든가 하는 식으로 문제를 극복하려 한다. 음식은 맛일 뿐이다. 아무리 초라한 오두막집이라도 깨끗하고 맛만 있으면 고대광실보다는 더 사람이 꼬이게 마련이다. 한마디로, 한국음식문화는 한국사전에 있어서는 아니되는 "먹거리"라는 엉터리말과 더불어 엉터리로 타락해버렸다. "볼거리"를 "보거리"라 말할 수 없듯이, "먹을 거리"는 되어도 "먹거리"는 있을 수 없는 천박한 어감의 한국말이다. "음식"이 뭐가 그렇게 이상한 말이라고, "먹거리"라 해야 한단 말인가? 한문투를 고치는 것은 좋으나 틀린 우리말, 쌩으로 틀리게 조어된 말을 주체적인 우리말인 것처럼 착각할 수는 없는 것이 아닌가?

캄보디아의 가장 중요한 간선 고속도로

캄보디아음식도, 베트남음식도 전통적으로 다양한 피시소스(fish sauce)가 개발되었기 때문에 그 섬세한 맛의 기저가 살아 있다. 게다가 중국음식과 인도음식의 영향이 짙은데다가(음식의 경우 중국의 영향이 강세) 근세에 불란서 식민지생활을 겪으면서 섬세한 양식의 감각을 받아들였다. 사람도 튀기(혼혈아)가 아름답듯이, 음식도 다양한 퓨전의 가능성이 차단되면 맛이 없거나 고착된다.

　씨엠립 시내 차오프라야(Chaopraya)라는 식당에서 점심을 먹었는데, 내가 기대했던 것만큼 맛은 없었다. 관광객을 상대로 하는 음식점, 특히 관광회사가 끌고 다니며 맛뵈주는 음식점은 더 더욱 맛이 없다. 그리고 서사장 본인이 미각에 대한 관심이 좀 섬세한 것 같질 않았다. 그러나 차오프라야 부페에서 먹은 풀빵, 그리고 야자잎에 싼 작은 쫑쯔(粽子) 모양의 고구마케잌, 그리고 밖에 퍼잡수라고 놓아둔 아이스크림이 맛있었다. 내가 서사장에게 허름해도 좋으니, 좀더 현지인들의 사랑을 받는 식당으로 안내하라고 해서 다음날 저녁에 정말 현지인들만 바글거리는 식당(Bopha Angkor: Angkor Shark's Fin Restaurant)엘 갔는데, 중국식 후어꾸어(火鍋)의 일종을 전문적으로 하는 집이었다. 그런데 탁자 위에 양념으로 간장·고추기름 등 작은 접시가 놓여있었는데 한 접시에는 설탕 알갱이처럼 빛나는 흰가루가 있었다. 옆에 앉은 사람이 그것을 남비 속에 확 쏟아붓는 것을 보고 나도 부으려다 미심쩍어 맛을 보니 미원이 아닌가?
캄보디아 사람들은 자기들의 다양한 소스를 무시하고 화학조
미료를 부어먹는 것이 선진이라고 생각하는 것 같았다. 가슴이
아팠다. 자본주의 시장경제와 인간 삶의 도덕성 사이에는 끊임
없는 모순이 내재하는 것 같았다. 미국의 저명한 우유회사가
아프리카에 우유를 팔아먹기 위해서 그 건강한 아프리카 여인
들에게 모유가 나쁜 것인 양 선전하고 우유를 강매했다가, 열
악한 위생시설과 경제적 예속 때문에 수천 수만의 건강한 엄마
와 아기들이 쌩짜로 전염병과 영양실조에 사망하는 비극을 기
록했던 역사적 사실을 우리는 상기해 볼 필요가 있다. 경제개
발의 논리에 희생되어가는 캄보디아인들의 삶 또한 비극적으
로 바라볼 수밖에 없지만 그 제국주의 경제의 전초에 또다시
한국이 서있고 나 또한 그러한 구조의 수혜자라는 생각을 하면
더 더욱 비극적 상념에 잠기게 되고마는 것이다. 나는 서사장
이 안내해주는 식당이 단기 관광객으로서는 어쩔 수 없는 최선
의 선택이라는 것을 뒤늦게 깨달았다. 시장거리를 비리비리 쏴
다니다가 어쩌다 1불도 안되는 돈으로 맛있게 포식할 수도 있
겠지만 그것은 너무도 위험부담이 크다.

앙드레 말로가 도둑질해 갔던 여신상

오후의 스케줄은 씨엠립에서 동쪽 저수지를 지나 북쪽 25㎞ (약 30분 거리) 떨어진 곳에 있는 반테이 스레이(Banteay Srei) 신전이었다. 이곳에서는 관광도 꼭 낮잠을 자고 한다지마는 우리는 시간이 부족해 그냥 강행했다. 혼자서 설명듣고 고증하고 사진찍고, 다 도맡아 하자니까 정말 빡빡한 여정이 될 수밖에 없었다. 이 지구상에서 가장 아름다운 신전! 우리에게 『정복자』『인간의 조건』 등으로 유명한 불란서의 소설가 앙드레 말로(André Malraux, 1901~1976)가 목숨걸고 밀림속 이곳까지 와서 황홀한 아름다움에 충격받고 아름다운 여신상을 도둑질하여 밀반출하려다가 프놈펜에서 감옥에 갇히고 만 사연을 간직한 신전! (그때 그는 만 21세, 1923년의 사건이었다. 아이러니칼하게도 젊은날의 도굴꾼 말로는 나중에 불란서의 유능한 문화부장관이되었다. 그리고 그는 월맹의 전신인 청년안남연맹[the Young Annam League]을 조직했으며 『사슬에 묶인 인도차이나』[Indochina in Chains]라는 신문을 창간하여 공산운동을 도왔다.) 우리는 바로 그 신전을 가려고 하고 있는 것이다.

서사장은 앙코르의 역사를 다음의 세 시기로 대별한다. 일리가 있다고 생각되는 시대구분이다.

초 기 AD 802~1002	Jayavarman II	~	Jayavarman V Udayadityavarman I
중 기 AD1002~1177	Suryavarman I Suryavarman II	~	참족(베트남 중부)의 정복
말 기 AD 1177~1432	참족의 정복 Jayavarman VII	~	샴족(타이)에 의한 멸절

반테이 스레이는 초기의 최후 시기에 해당되는 최걸작품이

앙코르 와트 · 월남 가다(上)

아름답기 그지없는 반테이 스레이 사원

다. 중기의 대표작이 바로 앙코르 와트고, 말기의 대표작이 앙코르 톰이다.

오후 3시 5분경, 우리의 뻐스는 이앵나무가 하늘을 찌르는 듯 기세를 부리며 서있는 주차마당 앞에 화려하고 널찍한 고푸라(현관)가 하나 서있는 곳에 닿았다. 보통 고푸라가 있으면 그 양옆으로 성(聖)과 속(俗)을 가르는 경계의 담이 뻗어있게 마련이지만 이 신전은 전혀 그러한 흔적이 없다. 다시 말해서 이 신전은 무엇인가 성격이 다르다는 것을 직감케한다. 그 다른 성격이란 과연 어떠한 것일까?

앙코르의 모든 유적군은 국가신전(State Temple)으로서 신왕(神王)의 무덤의 성격을 동시에 지니는 것이다. 그런데 반테이 스레이는 성격이 전혀 다르다. 우선 왕이 지은 것이 아니며 따라서 왕묘로서의 성격이 배제된 순수한 신전이다.

이 신전은 명문에 의하면(이 신전의 본당은 1914년에 처음 발견되었지만 현재 우리가 보고 있는 동쪽 고푸라는 1936년에나 발견되었다. 이 고푸라의 명문에 건립정보가 적혀져 있다) 자야바르만 5세

반테이 스레이
중앙신전에
안치되었던
시바와 파르바티.
이 소중한 조각이
서울역사박물관에서
전시된 바 있다.
얼마 전까지만 해도
파르바티의 머리가
있었는데...

(Jayavarman V, 968~1001)의 즉위년, 그러니까 968년에 봉헌되

었다. 그러나 이 신전은 자야바르만 5세의 아버지며 선왕인 라

젠드라바르만 2세(Rajendravarman II, 944~968)시대에 지어졌

고 967년에 이미 완성된 것이다. 그런데 이 신전을 지은 사람

은 라젠드라바르만 2세가 아니고 그의 각료중의 한 사람이었

던 브라민 야즈냐바라하(Yajñavaraha)가 지은 것이다. 인도의

카스트제도를 가지고 있지 않았던 크메르왕국에서 브라민 (Brahmin)이라는 표현의 의미가 정확하지는 않지만, 야즈냐바라하는 매우 존경스러운 특수한 위치를 차지했던 인물이었음에 틀림이 없다. 그리고 이 이슈바라뿌라(Ishvarapura)라는 이 지역을 왕으로부터 봉토로 허락받았다. 그러니까 그는 이 지역의 영주로서 독립된 위치를 확보하고 있었다. 특히 그는 미래의 왕이 될 어린왕자 자야바르만 5세의 교육을 맡고 있었다. 혹설에 의하면 야즈냐바라하는 라젠드라바르만 2세를 죽인 왕실 내 음모로부터 왕자를 보호하는데 성공했고 어린왕자는 야즈냐바라하의 영내에서 자랐으며 그의 역량에 의하여 왕위에 오를 수 있었다고 한다. 자야바르만 5세는 매우 어릴 때 왕위에 올랐다(15세 전후?). 야즈냐바라하는 자야바르만 5세의 존경받는 스승이었고 산스크리트에 능통한 대학자였으며 인도의 문물, 불교, 의학, 천문학, 건축, 음악, 연극에 정통한 인물이었다. 그의 동생 비슈누꾸마라(Vishnukumara) 역시 산스크리트의 문법학자였으며 시바교의 경전들(the Shivaite texts)을 전사하여 보급시켰으며 열렬한 비슈누의 숭배자였다. 이 반테이 스레이의 남북으로 배열된 세 신전중 중간의 메인슈라인과 남쪽의 신전은 시바에게 봉헌되었지만 북쪽의 신전은 비슈누에게 봉헌되었다. 중앙의 신전에는 링가(linga)가 모셔져 있으며 "트리브 후바나마헤슈바라"(Tribhuvanamaheshvara)라는 이름이 붙어있다. "세 우주의 위대한 주인"(The Great Lord of the Threefold World)이라는 뜻이다.

그러니까 크메르왕국의 역사에 있어서 라젠드라바르만 2세로부터 자야바르만 5세에 이르는 시기는 문운(文運)이 극성한 시기였으며 다양한 학자들이 활동한 시기였고 여성들의 위치가 존중받는 시기였다. 라젠드라바르만 2세의 시기에는 참족과의 약간의 전투가 있었지만(캄보디아 기록에 의하면 캄보디아의 군대가 참파의 수도를 침공하여 가루로 만들어 버렸다고 적고 있으나, 참파의 명문에 의하면 캄보디아군대는 피비린내나는 전투속에서 궤멸되었다고 적고 있다. 947년경?) 대체적으로 평온한 시기였으며 지방의 영주들을 평정하고 포용하였다. 젊은 자야바르만 5세의 33년 치세는 매우 정력적이었고 지적이었으며 거의 전쟁이 없는 평화의 시기였다. 참파의 왕도 그의 대관식때 평화의 사신을 보냈던 것이다. 그리고 라젠드라바르만 2세로부터 자야바르만 5세의 시기에 걸쳐(960~971), 새롭게 중원에 등장한 송태조 조광윤(趙匡胤, 960~976 치세)에게 6차례에 걸쳐 값

반테이 스레이의 모나리자

앙코르 와트 · 월남 가다(上)

진 보물을 실은 조공사신을 보냈다. 북베트남에는 중국으로부터 독립하려는 움직임이 활발하게 일어나고 있었던 시기였다. 이조(李朝, Ly Dynasty, 1009~1225: 베트남 통일왕조)가 성립하기 이전에 응오왕조(939~965) · 딘왕조(968~980) 등 단명의 독립왕조들이 명멸하던 시기였다.

　그러니까 자야바르만 5세의 시기는 조선왕조에 있어서는 집현전 학사들이 활약하던 세종대왕의 시기에 비유될 수 있을 것이다. 반테이 스레이는 바로 이러한 문운과 평화와 지성, 그리고 여성적 섬세함이 넘치는 시대적 분위기를 반영한 작품으로 보아야 할 것이다. "반테이 스레이"(Banteay Srei)는 "여성의 성채"(the Citadel of the Women)라는 뜻인데, 그 벽면에 모나리자를 연상케 하는 아름다운 여신상들이 많아서 붙은 이름이라고도 하고, 혹은 그 조각기법이 너무도 섬세해서 도저히 남자들 석수의 작품일 수 없을 것 같아 여자들 석공의 성채라는 뜻으로 붙은 이름이라고도 하나, 내가 생각키에는 "여성적 아름다움의 성채"(the Citadel of Feminine Beauty)라는 뜻으로 붙여진 이름일 것이다.

왕권의 권위에 얽매일 필요가 없었던 반테이 스레이에는 여러가지 특이한 성격이 나타나고 있다.

	반테이 스레이	바 콩
외 벽 Third Enclosure	95×110m	900×700m
중간벽 Second Enclosure	38×42m	400×300m
내 벽 First Enclosure	24×24m	160×120m

첫째, 왕권의 위세를 과시할 필요가 없는 순수한 신전이기 때문에 그 사이즈를 래디칼하게 줄였다. 최외곽의 고푸라(중앙에서 보면 4번째) 주변으로 영내를 나타내는 담은 만들지 않았으며 그것은 아마도 나무를 심어 경계를 표시했던 것으로 추정되는데 대강 500×500m 규모였던 것 같다. 그러나 그곳으로부터 코즈웨이를 한참 따라 들어가면(67m) 세번째 고푸라가 나오는데 그곳으로부터 3중의 담이 둘러싸고 있다. 대부분의 건물이 두번째 담속에 밀집되어 있는데 그 규모가 38×42m 밖에

되지 않는다. 바콩이나 앙코르 와트에 비하면 그 규모를 쉽게 짐작할 수 있을 것이다.

둘째, 자리잡은 터뿐만 아니라 건물도 모두 평균 신전사이즈의 반밖에 되지 않는다. 문의 높이도 1.3m 정도며, 지성소 내부의 높이도 1.6~2.0m밖에 되지 않는다.

셋째, 이러한 작은 싸이즈는 이 신전의 모든 요소를 아름답게 장식할 수 있는 정성의 여백, 그 물리적 가능성을 제공하였다. 슈마허의 "작은 것이 아름답다"(Small is Beautiful)라는 명

반테이 스레이의 코즈웨이(신도)

제를 연상시킨다. 반테이 스레이는 벽돌이 최소화되고 전체가 사암으로 덮였는데 한치의 바늘구멍도 남김없이 장식된 느낌을 준다. 그래서 보통 이 반테이 스레이를 "크메르 예술의 보석"(the Jewel of Khmer Art)이라고 부른다. 현재 우리가 보고있는 반테이 스레이는 1931년부터 1936년에 걸쳐 마샬(Marshal)의 피땀어린 정성에 의해 복원된 것인데 인도네시아 쟈바섬의 보로부두르사원(Borobudur)의 해체복원시 화란인들에 의하여 사용된 아나스틸로시스(anastylosis)라는 공법을 처음으로 도입하여 성공한 사례로 꼽힌다. 놀랍게 잘 보존되었다. 물론 앙드레 말로가 도둑질해갔던 신전 코너의 두 데바타스도 제자리에 복원되었다.

넷째, 건축양식적으로 볼 때 반테이 스레이는 프레아 코에서 개발된 인드라바르만 시대양식(the Art of Indravarman)을 기본적으로 계승하면서도 그 틀을 창조적으로 혁신하면서 향후의 모든 새로운 발전가능성을 열었다. 반테이 스레이는 전통의 계승과 일탈, 반복과 창조, 연속과 단절, 차용과 혁신의 복합체라 할 수 있다.(Banteay Srei is a singular monument, which represents at once loans from the past and surprising innovations. Briggs, p.136.) 이 신전의 설계자며 후원자인 야즈냐바라하는 산스크리트어의 대석학이며 문인이며 심미적 감성의 소유자며 독립적 권력을 소유하고 있었던 지방의 영주였다. 이 반테이 스레이의 존재는 크메르제국이 지방분권의 봉건영주체제와 중앙집권의 왕권체제가 좀 느슨하게 복합되어 있었던 왕정폴리테이 아였다는 것을 입증하고 있다. 야즈냐바라하는 전통을 계승하면서도 그 전통에 구애받음이 없이 자유로운 상상력을 발휘했으며 어떠한 파격도 크게 두려워할 이유가 없었다. 이 사원은 그의 우주였고 그의 만다라였고 그의 예술적 창조였다.

가장 먼저 눈에 뜨이는 것은 프레아코 린텔예술의 화려한 발전이다. 먼저 반테이 스레이의 설계자는 프레아 코의 린텔을 가로누운 기둥스타일에서 화려한 삼각형의 돌조각(tympanum)으로 확대시켰다. 그리고 이 삼각형의 돌조각을 린텔 위에 프론톤으로 올려놓았다. 그리고 이 프론톤을 3중으로 겹치게 쌓아올렸다. 이 세 겹의 프론톤은 정면에서 바라보면 문 위로 불길이 세 겹으로 점점 높이 타오르는 듯한, 화려하고도 장엄한 느낌을 준다. 반테이 스레이의 이 3중의 프론톤 구조(triple superimposed frontons)야말로 세계건축사에 있어서 가장 혁신

반테이 스레이의 프론톤

양코르 와트·월남 가다(上)

삼중구조의 프론톤

반테이 스레이

적인 발전으로 기록되는 것이다.

다섯째, 반테이 스레이의 영주인 야즈냐바라하는 브라민 (Bramin)이라는 칭호가 말해주듯이, 인도문명과 깊은 관련이 있는 인물이었다. 그가 인도에 유학한 인물일 수도 있고, 혹은 인도에서 온 인물일 수도 있다. 그는 인도경전과 인도신화, 그리고 인도건축에 정통한 인물이었다. 반테이 스레이는 앙코르의 전 유적 중에서 가장 인도적 내음새가 물씬 나는 건축이다. 한가운데 남북으로 배열된 세 신전의 정 중앙신전은 타 신전에서 볼 수 없는 전실(mandapa)이 있고 본전(garba griha)과 전실은 안타랄라(antarala, vestibule)라고 부르는 복도로 연결되어 있다. 이러한 구조는 인도의 동시대의 걸작품인 찬델라왕조 (Chandella Dynasty)의 카쥬라호(Khajuraho)의 사원들과 그 디프스트럭쳐에 있어서 공통점을 지니고 있는 것이다. (카쥬라호의 사원들은 AD 950~1050년 사이에 집중적으로 지어졌다.) 다시 말해서 반테이 스레이라는 걸작 예술품이 앙코르문명에 탄생되는 과정은 우연하게 정글 속에서 신비롭게 솟은 것이 아니라, 아시아문명 전체의 교류사 속에서 조감되어야 한다는 것이다. 즉 인도문명과 크메르문명 사이에는 신화와 더불어 엄청난

라마야나의 한 장면

예술과 기술의 구체적 교류가 있었다는 것을 말해주고 있는 것이다. 반테이 스레이의 혁명적 구조라 하는 삼중의 겹쳐올린 프론톤구조도 카쥬라호의 사원구조에서 부분적으로 발견되는 것이다.

여섯째, 이 사원 돌조각에서 우리가 놀라는 사실은 부조의 입체성이다. 부조는 부조지만 거의 삼차원적인 깊이를 자유자재로 구사하고 있는 것이다. 끊임없이 펼쳐지는 넝쿨과 잎사귀의 컬(curl)의 입체적인 표현은 물론이지만 신화적 이야기를 전

악마를 죽이는 시바

하는 인물들의 조각도 거의 2·3중으로 겹쳐지는 공간성을 표출해내고 있다. 시바가 악마를 죽이는 모습을 보면, 시바의 다이내믹한 몸짓 안켠으로 쓰러지는 악마의 모습이 겹쳐서 속에 다시 조각되고 있다. 미켈란젤로의 조각도 예술성이 뛰어나지만, 부조 속에 이러한 입체적 깊이를 표현하는 크메르 석공들의 솜씨는 참으로 경탄에 경탄을 금치못하게 만든다. 그리고 이 모든 조각이 완성품을 쌓아올려 맞춘 것이 아니라, 원석을 먼저 올려 집형태를 만들어 놓은 다음, 비계같은 것을 세워놓고 석공들이 서서히 정교하게 쪼아들어간 것이다. 미완성 부분에서 그러한 사실을 확인할 수 있다. 그래서 더 유기적 통일성과 연속적 흐름이 강렬하게 부각된다. 그리고 미켈란젤로가 사용한 대리석은 훨씬 결이 곱고 무른 돌이래서 조각이 용이하다. (조각후에 시간이 흐르면서 굳어간다). 그러나 앙코르조각가들이 사용한 사암은 결이 거칠면서도 처음부터 단단하다. 조각에 몇 십배의 공이 들어갈 수밖에 없다. 그러면서도 섬세한 세공의 표정과 샤프한 각선이 오늘까지 선명하게 살아 있다. 그리고 반테이 스레이의 신전 역시 외면적으로 바라볼 때 그 기본양식과 장식조각의 모든 기법이 석

쌓아놓고 조각해 들어가다 만 흔적.

조라기보다는 목조라는 생각이 든다. 다시 말해서 이 신전과 비슷한 양식의 목조건물과 목조조각의 원형이 선재(先在)했다는 생각이 든다. 프론톤의 조각을 보면 그것은 기본적으로 목조의 기법인 것이다. 앙코르의 예술가들은 핑크빛 사암을 자단(紫檀)보다 훨씬 더 무르게 다룰 줄 알았던 것이다. 그 기구와 기법은 구체적으로 전승되어 있질 않다. 한계를 모르는 인간의 능력과 노력의 가능성에 대하여 우리는 경악을 거듭할 수밖에 없다. 반테이 스레이는 향후 앙코르의 모든 돌조각의 가능성을

파르바티를 위하여 시바에게 욕정의 화살을 쏘는 까마(Kama).
시바는 이마의 제3의 눈으로 까마를 재로 만들어버린다.

이미 다 실험적으로 구현하였다고 볼 수 있다.

일곱째, 이 반테이 스레이는 매우 본격적인 신들의 이야기가
생동하는 모습으로 조각되어 있는 최초의 사원이다. 이 조각
을 통해, 크메르인들이 인도의 신들의 이야기를 이해하는 방
식, 그 취사선택을 통한 해석의 방식, 그리고 그 창조적 변용을
읽어낼 수 있다. 그것은 인도의 신화가 아닌 크메르의 신화인
것이다. 이들에게 역시 가장 인기가 있었던 것은 『라마야나』였
다는 것을 알 수 있다. 라마야나의 시타의 이야기나 트로이의

최외곽 제4고푸라 린텔
(관련된 설명은 다음 페이지에)

헬렌의 이야기는 동일한 신화의 문화적 변용일 수도 있다. 그
러나 헬렌의 이야기에서는 납치자에게 오히려 도덕적 우위를
주었지만 시타의 이야기 속에선 납치자는 응징되어야 할 악마
로 규정되고 있다. 시타는 정의로운 라마에 의하여 구출되어야
할 존재며, 그것은 캄보디아의 상징이었다. 순결한 봄향기의
여인 춘향을 구하는 이도령의 이야기도 시타와 라마의 이야기
와 동일한 구조를 지니고 있다. 크메르인들은 우리가 『춘향전』
의 이야기를 사랑했듯이 『라마야나』의 이야기를 사랑했던 것
같다.

자아 ! 이제 우리는 이 정도의 상식을 가지고 반테이 스레이를 접근해야 할 것 같다. 우선 제일 먼저 만나게 되는 최외곽의 제4 고푸라 린텔을 잠깐 들여다보자 ! 우선 삼각형의 박공의 최외곽은 나가의 몸뚱아리 대신 마카라의 몸뚱이로 변했고 양 옆의 마카라 아가리에서는 다섯 대가리의 나가가 생성되어 나오고 있다. 이 프로필의 마카라의 양식도 인도의 영향이 크다고 보여진다 그리고 중앙에는 인드라신이 오른손에 금강저를 들고 있고 세 대가리를 한 코끼리 아이라바타(Airavata)를 타고 있다. 인드라신이 타는 동물로서의 세 대가리의 코끼리상은 인도에서는 거의 쓰이지 않는 모티프이지만 반테이 스레이에서는 매우 흔하게 나타나고 있다. 이 모티프는 앙코르 톰의 남문 게이트 타우어에 거대하게 재현되고 있다. 그 코끼리 밑에 프레아 코에서 보았던 칼라의 얼굴이 나타나고 그 양손이 잡은 것은 나가의 몸뚱이가 아니라 소용돌이치는 화환의 기하학적 문양들이다. 칼라의 주제가 인드라신의 주제로 대치되었고 나가의 중요성은 마카라의 부속물로서 페리페리로 밀려버렸다. 프레아 코 린텔의 상징적 오리지날리티와 파우어가 신화적 카테고리 속에서 격식화되고, 대신 화려한 기하학적 문양이 과도하게 현란해진 느낌을 준다. 그 린텔을 떠받치고 있는 양 기둥의 조각도 지극히 섬세하게 양식화되고 있다. 이제 우리는 반테이 스레이 신전 속으로 기나긴 여행을 떠나야 한다. 그러나 미안하지만 이제부터 나는 독자들의 여행에 동참할 수가 없을 것 같다.

캄사(Kamsa)를 죽이는 크리슈나, 인드라신의 비내림, 시바에게 사랑의 화살을 쏘는 까마(Kama), 시바가 명상하고 있는 카일라사산을 뒤흔드는 라바나, 시타를 유괴해가는 라바나, 파괴의 춤을 추는 시바, 원숭이 형제 발린(Valin)과 수그리바(Sugriva)의 싸움, 난디를 타고 있는 시바와 우마(Umamahesvara)······ 수없이 전개되는 이 많은 모티프에 대한 해설이나 감상은 독자들 자신의 체험으로 남겨두어야 할 것 같다. 잠깐! 중앙신전을 지키는 것은 매우 젊은 미남의 드바라팔라다. 오른쪽에 창을 들었고 왼쪽으로는 연꽃봉우리를 내려뜨리고 있다. 그런데 정말 그 굳게 다문 입술과 치켜 뜬 두 눈, 우뚝 솟은 코, 그리고 점매 올린 머리카락의 깔끔한 모습이 더 할 나위 없이 아름답다. 꼭 한번 찾아보라! 중앙신전은 역시 여자보다는 남자가 지키는 것이 더 듬직하다고 생각한 것 같다. 나머지 남북의 두 신전은 여신들이 지키고 있는데 그 모습이 너무 아름다워 인도차이

반테이 스레이의 미남자 드바라팔라

앙코르 와트 · 월남 가다(上)

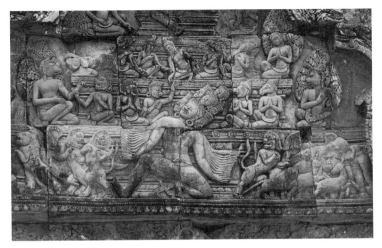

카일라사산을 들어올리려고 용쓰는 랑카의 마왕 라바나

반테이 스레이 조각의 다이내미즘

비에 젖는 반테이 스레이

나의 비너스라고 부른다. 남쪽 신전의 한 데바타의 풍만한 젖
가슴과 왼쪽으로 갸우뚱 고개를 젖히고 오른쪽으로 살짝 궁둥
이를 틀어올린 모습은 지극히 쎅시하다. 두터운 입술과 째진
눈의 모습은 안젤리나 졸리를 연상케 한다. 한번 찾아보라 !
그리고 이 신전의 사자들은 궁둥이를 약간 들고 있다.

4시경 소낙비 줄기가 작열하는 태양 아래 벌겋게 달아오른
나의 정수리를 따갑게 후려친다. 빗줄기 속에 어리는 반테이
스레이의 모습은 더욱 현란하였다.

반테이 스레이의 해자. 모네의 수련보다 더 정감있다.

　많은 사람들이 여름 우기에 앙코르를 관광하는 것은 바보짓
이라고 한다. 그래서 겨울 건기(11월~4월)에 오는 것이 상책
이라고. 그런데 그것은 우기가 뭔지를 모르고 하는 말이다. 앙
코르에는 장마가 없다. 장마라는 것이 오후 4·5시경에 어김없
이 잠깐 내리는 스콜이다. 그리고 이곳은 태풍이 없다. 태풍은
인도차이나 이북에서 발생하는 현상이다. 그러니 쌀농사에는
최적의 조건을 구비하고 있는 것이다. 겨울건기 때 보면 관광
객이 너무 붐벼 재미가 없다. 오히려 여름관광이 이 지역의 풍
토를 느끼기에는 더 적합하다 해야 할 것이다.

비가 개었다. 동쪽 저수지를 지나는데 소 몰고가는 목우녀의 모습이 평화롭다. 지나는 길, 어느 읍촌에 차를 세웠다. 예외없이 꼬마들이 달려들어 "완 달러"를 외친다. 뻐스창 너머로 자눌의 아들 다님(10살)이가 피리를 하나 샀다. 다음의 행선지는 석양 속의 프놈 바켕(Phnom Bakheng)이었다. 앙코르에서 가장 높은 산을 오를 준비를 하라고 서사장이 으름장을 놓았다. 우

거대한 동쪽 저수지(East Baray)의 목우녀

리 일행은 잔뜩 긴장했다. 워낙 하루 일정이 빡빡해서 모두 지쳐있었기 때문이었다. 그런데 그 거대한 산의 높이가 62m라고 하니깐 웃음이 터져나왔다(타설은 65m). 그러나 그 웃음은 완

벽한 무지의 소산이었다. 그것은 정말 태산이었다. 산동의 평원 위에 솟은 태산 정상에서 느끼는 소회를 웃도는 장엄한 광경에 우리 일행의 조소는 경탄으로 바뀌었다.

  프레아 코와 바콩을 만든 인드라바르만 1세는 현 롤루오스 지역, 하리하랄라야에 수도를 정했다(씨엠립 동남쪽 13㎞). 그는 889년 하리하랄라야에서 죽었다. 그의 아들 야소바르다나(Yasovardhana) 왕자는 야소바르만 1세(Yasovarman Ⅰ, 889~910 치세)라는 이름으로 왕위를 계승했다. 그는 즉위 초년에는 하리하랄라야에서 왕도(王道)의 길을 걸었지만 곧 롤루오스 지역이 그의 야심을 만족시키기에는 부족한 곳이라는 것을 깨달았다. 야소바르만 1세는 인도 마가다왕국의 나가리 알파벳(the nāgarī script of Magadha)을 도입했으며 당대의 대승불교, 시바교, 샤마니즘, 탄트리즘, 마술 등 모든 종교에 관용과 포용적 자세를 견지했다. 이미 굽타시대 때부터 발전한 날란다(Nalanda)대학의 문화, 『서유기』의 주인공, 현장이 직접 가서 유학했을 때(7세기) 1,000여명의 학생이 우글거렸다는 그 날란다대학의 문화는 벵갈지역의 팔라왕조(the Pāla Dyansty, c.750~c.1185)의 후원 아래 이 캄보디아 지역을 포함한 동남아시아 전역에 엄청난 영향을 끼쳤다. 이 날란다대학의 전도사들은 단지 대승불교만을 전파한 것이 아니라, 중세기 힌두이즘의 다양한 시바·비슈누 컬트와 탄트리즘을 동시에 전파했던 것이다. 야소바르만 1세는 당대의 국제정세에 매우 정통한 인물이었고 포용(toleration)과 절충(eclecticism)과 진보(progressivism)의 덕성을 구현한 인물이었다. 그는 코스모폴리탄이었다. 그에 관한 명문은 이러하다: "지상의 왕들 중에서 최상이시며 모든 찬란함을 한몸에 지니고 계신 왕이시여! 당신의 힘은 모든 적의 사약이리라. 정의를 번영케 하시니 불의는 사라졌다. 불의가 숨을 곳조차 없도다. 조물주께서 이 왕을 보시고 놀라셨다. 그리고 말씀하셨다. '어쩌자구 내가 이 지상에 나의 라이벌을 창조하였던가?' 전장에 나가면 그는 눈부신 태양이었다."(L. P. Briggs, *The Ancient Khmer Empire*[Bangkok: White Lotus, 1999], p.113).

그가 씨엠립지역의 광대한 밀림 속에 우뚝 솟은 자연산 프놈바켕을 발견했을 때 그에게는 외경과 더불어 무한한 희망이 솟았다. 신천지 신서울의 희망이! 그의 신화적 인식구조 속에서 바켕산은 수미산(Mt. Meru)이었고 그 옆을 흐르는 씨엠립강(Stung Siem Reap)은 신성한 간지스강이었다.

프놈 바켕을 오르는 길

그의 아버지 인드라바르만 1세는 아들에게 다음과 같은 유언을 남겼다: "아들아 ! 반드시 세가지를 명심하거라. 첫째, 조상들을 위하여 신전을 지을 것이다. 둘째, 자신이 죽어서 돌아갈 곳을 위하여 신전을 지을 것이다. 셋째, 백성들을 위하여 저수지와 수로를 건설할 것이다." 이 유언은 후대의 모든 왕들의 실천강령이 되었다. 야소바르만이 이 세가지 강령 중에서 제3의 강령, 즉 저수지와 수로의 건설에 모든 국력을 기울였다. 그는 현명한 왕이었다. 그는 먼저 오늘 우리가 이스트 바레이(East Baray)라고 부르는 직사각형의 거대한 저수지(8×2km)를 팠다.

프놈 바켕 정상

그리고 그 주변으로 하여 씨엠립강의 물줄기를 돌려 그가 건설하려는 수도의 외곽을 따라 남북으로 흘러 내려가게 만들었다. 그리고 그 강물을 이용하여 도시내의 수로를 만들었던 것이다.

지금 바켕산의 정상에 올라가 보면 사방으로 밀림밖에 보이지 않는다. 마치 바켕산이 밀림 속에 고립되어 있는 것처럼 보인다. 그러나 그것은 토인비가 말하는 "자연의 회귀"를 망각한 채 바라보고 있는 것이다. 그리고 많은 사람들이 프놈 바켕을

앙코르 와트 · 월남 가다(上)

앙코르 톰과 앙코르 와트의 사이에 위치하고 있다고 말한다. 이것은 맞는 말이지만 프놈 바켕을 이해하는 데는 매우 오도(誤導)적인 표현이다. 프놈 바켕에 신 수도의 국가신전이 지어졌을 때는 앙코르 와트도 앙코르 톰도 존재하지 않았다. 프놈 바켕을 중심으로 하여 현재의 앙코르 톰과 앙코르 와트를 포함하는 사방 4×4km의 지역이 완벽한 신시가지였다. 그 신시가지의 주된 건자재는 목조였다. 그래서 모두 밀림 속에 잠겨버리고 말았지만 세밀한 발굴작업은 당대의 도시가 매우 잘 플랜된 것이었음을 말해주고 있다. 개선문을 중심으로 방사선을 뻗쳐있는 파리를 생각해도 좋겠지만, 프놈 바켕의 신시가지는 장안(長安)이나 쿄오토오(京都)를 떠올리는 것이 좋을 것이다. 정4각형의 반듯반듯한 도시 한 가운데 바켕산이 우뚝 솟아있었던 것이다. 16km²의 이 지역에서 발견되는 우물이 800여개나 된다. 그리고 도기와 타일이 여기저기 발굴된다. 앙코르 와트와 앙코르 톰은 바로 이 프놈 바켕의 설계를 그 영내에 새롭게 다시 구성한 것이다.

이 신도시를 야소바르만은 자기 이름을 따서 야소다라뿌라(Yasodharapura)라고 이름지었다(893년에 봉헌). 그리고 때로는

매우 기하학적 구도의 프놈 바켕 신전

캄부뿌리(Kambupuri)라고 부르기도 했다. 우리가 소위 말하는 좁은 의미의 앙코르 유적군은 바로 야소다라뿌라의 유적을 말하는 것이다. 앙코르제국이 끝날 때까지 신도시의 창업자 야소바르만의 권위는 지속되었다. 후대의 왕들을 자신의 이름을 넣어 새롭게 도시를 명명하는 짓을 하지 않았던 것이다.

이 거대한 바켕산 자체가 650×440m의 사각의 호로 둘러쳐져 있고 동서남북으로 4개의 고푸라의 흔적이 있다. 동쪽에 난 길을 따라 가파른 돌산을 열심히 올라가면 해발 62m의 정상에 동서로 길게 나있는 100×200m의 넓은 마당이 있다. 그 마당 서쪽 끝에 76×76m의 둘레로 자리잡은 13m 높이의 피라밋이 나타난다. 심하게 파손되어 지금은 매우 초라하게 보이지만 자세히 그 설계를 들여다보면 야소다라뿌라 최고 신전의 과거의 영화가 그 찬란한 모습을 드러낸다.

그 꼭대기에 중간에 메루산이 솟아있고 4방각에 그보다 작은 신전이 있는 5점형구조(the quincunx plan)는 프놈 바켕에서 처음 나타난 것이다. 바콩은 신전이 하나였다(1점형구조). 이 프놈 바켕의 5점형구조가 바로 앙코르 와트로 확대되어 나타난 것이다. 그 5점형구조는 지·수·화·풍 4원소와 공(空, 에테르)을 합친 오대(五大, pañca-bhūtāni)의 관념을 나타낸다고 해석하기도 한다. 수미산의 다섯 봉우리나 우리나라의 오대산도 비슷한 관념의 표현일 것이다.

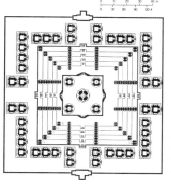

프놈 바켕 신전 도면

이 피라밋은 7층으로 되어 있다(지면 한 층 + 5기단 + 최상의 신전 테라스). 이것은 힌두신화의 제석(Indra)의 일곱 하늘의 관념을 표현한 것이다. 그리고 이 최중앙의 신전을 둘러싸고 108개의 탑이 서 있다. 제일 바닥에 44개의 탑이 있고, 5개의 기단 각 단에 12개의 탑이 일정한 간격으로 배치되어 있다(12×5=60). 그리고 맨 꼭대기 4각에 4개의 탑이 서있다(5점형구조의 신전 중 4개). 이것이 불교의 사원이라면 인간 번뇌의 108개 종류를 의미하는 108번뇌가 되겠지만, 물론 여기 108개의 탑은 108번뇌와는 직접 관련이 없다. 음력 27일 주기의 4페이스(27×4=108)를 의미한다고 하는데 잘 알 수가 없다. 하여튼 108이라는 숫자는 인도인에게는 많은 것을 나타내는 관념과 연관되어 있다. 그리고 각 면의 바닥에서 치켜보면 모든 면은 33개의 탑으로 되어있다(최상층의 신전은 수미산 하나로 간주). 33이라는 숫자도 우리에게 매우 친숙한 숫자이다. 인도의 신이 전부 33명이라는 설명이 있으나 인도의 신이 33명만 있을 것 같지는 않다. 『법화경』에는 관세음보살의 변화신이 33신(三十三身)이 있다고 열거되어 있는데, 하여튼 33이라는 숫자도 인도인에게도 신성한 숫자인 것 같다. 기미독립선언문에 서명한 33인의 숫자도 우연만은 아닌 것 같다. 신전 문 위 프론톤에는 33신의 머리로 구성된 장식이 있다. 그리고 최중앙의 신전에는 가문이 없다는 것도 특기할 사항이다. 동서남북이 다 뚫려있는 것이다. 이러한 특징은 앙코르 와 트의 중앙탑에 계승되었다. 그 중앙에는 링가가 모셔져 있다. 시바의 신전인 것이다. 피라밋 다섯 기단은 올라가면서 점점 기단의 넓이가 좁아져 가파르게 된다. 계단의 양옆으로 사자가 지키고 서있는데 올라갈수록 사이즈도 작아진다. 그런데 사자의 모습이 날렵하고 엽렵하며 자연스러운 비례를 하고 있다. 궁둥이가 권위롭게 쭉 뻗쳐나왔고 앞발 뒷발 모두 우람차게 땅을 딛고 있다. 갈기가 목 뒤와 가슴까지 잘 덮여 있는데 매우 뾰족뾰족 섬세하게 조각되어 있다. 하여튼 앙코르지역에서 가장 잘 생긴 사자는 바켕산에 사는 놈들이다.

프놈 바켕

바켕의 꼭대기에서 바라보는 야소다라뿌라.
저 멀리 지평선 중앙에 프놈 복 산(山)이 보인다.

　1859년 앙리 무오는 바로 이곳 바켕의 꼭대기에서 앙코르 와
트를 쳐다보았다. 그때 처녀지 그 서기의 감동이란 이루 형언
키 어려웠을 것이다. 일기에 이렇게 쓰고 있다: "신전의 계단을
밟고 산꼭대기 정상에 오르니 너무도 아름답고 너무도 광대한
대자연의 파노라마가 펼쳐진다. 건축에 탁월한 심미적 감각을
과시해온 이 민족이 이러한 명당을 골랐다는 것은 결코 놀라운
일은 아니다！" 1866년 1월 27일 여정을 출발한 존 톰슨(John

Thomson)이라는 사진작가는 이 장관을 보고 이와 같은 글을 남겼다: "이토록 찬란했던 문명이 역사의 뒷켠으로 자취없이 사라지고, 이 문명을 창조한 인간조차 저급한 동물의 조건에 근접하는 삶의 원초성으로 회귀해버렸다. 이 사실은 인간이라는 동물에 관한 중요한 진실을 암시하고 있다. 인간은 진화적인 존재인 만큼 퇴행적인 존재라는 것이다. 그 찬란한 문명의 주역들도 문명의 족쇄에서 풀리게 되면 곧 그들이 유래한 유기적 삶의 가장 단순하고 원초적인 형태로 곧 퇴화해버린다는 것이다."

놀라운 통찰이다! 당대의 사진작가는 이러한 문명론적 통찰을 지닌 지식인이요 탐험가였다. 토인비가 말하는 "자연의 회귀"는 비단 인간이 창조한 문명에만 해당되는 말은 아닌 것 같다. 그것은 곧 문명을 창조한 인간성 그 자체에도 적용되는 말이다. 자연은 인간 그 자체에게도 보복을 감행하는 것이다. 인위의 장난에 대한 무위의 보복은 결코 낭만적인 것만 같지는 않다. 룻소는 "자연으로 돌아가라"고 외쳤지만 그 결과가 얼마나 잔인한 것인지는 계몽주의의 낭만성에 가려 깊게 생각치 못했을지도 모른다. 낭만적인 자연주의 그 자체가 하나의 가소로운 문명의 푸념일지도 모르겠다.

　나는 나의 일기에 이렇게 끄적였다.

> 三十三天無上下
> 沒我心氣遊大美

> 삼십삼천에 어디
> 아래 위 있으리오
> 나조차 스러진 마음의 기만이
> 거대한 우주의 아름다움 속에
> 홀로 노니노라 !

　이 수미산 정상의 사원은 907년에 봉헌되었다. 산꼭대기는
하늘에 가깝다. 그래서 이 사원은 무언가 하늘의 운행과 관련
된 수의 신비를 간직하고 있는 것이다. 그러니까 프레아 코에
비하면 벌써 연역적 관념이 이 바켕의 신전에는 깃들기 시작했
다는 것을 의미한다. 이것은 앙코르 와트가 수없는 수의 신비
로 가득한 것과 일맥상통한다. 프놈 바켕의 신전은 새로운 지
적 시대의 양식을 개창했던 것이다.

프놈 바켕

사방이 짙은 초록빛 밀림으로 깔려있다. 시야는 천애(天涯)까지 터져있다. 한대의 고시(古詩) 19수중에 "상거만여리, 각재천일애"(相去萬餘里, 各在天一涯)라 한 구절이 생각났다. 사랑하는 두 사람이 떨어져 있는 것이 만여리인데, 두 사람이 각기 상반되는 하늘끝에 있다는 뜻이다. 그 상반되는 천애가 한눈에 들어온다. 동북쪽(14㎞)지평선 위로 꼭 월남여자들이 쓰는 삿갓모자의 대가리가 짤린 듯한 모양의 산이 하나 있다. 프놈 복(Phnom Bok)이라 한다. 그리고 동남쪽으로 앙코르 와트의 장엄한 5개의 시카라가 밀림 속에서 으르렁거린다. 남쪽으로는(16㎞) 꼭 서울 동숭동 낙산처럼 생긴 산이 보이는데 그것이 프놈 크롬(Phnom Krom)이다. 서쪽으로는 웨스트 바레이(West Baray, 서쪽 저수지)의 광활한 수면이 황혼에 붉은 빛을 반사하고 있다. 서북쪽으로는 타일랜드의 방콕까지 시야가 툭 터져있다. 북쪽으로는 앙코르 톰이 숲 속에 가려있다. 놀라운 사실은 프놈 바켕에 사원이 지어질 때 프놈 크롬과 프놈 복에도 같은 사원을 지었다는 사실이다. 이 세 신성한 산이 모여 거대한 하나의 우주를 형성했던 것이다. 마스페로는 야소바르만 1세시대의 크메르제국의 영토가 북으로는 중국의 운남성·미얀마의 일부(Shan states), 남서쪽으로는 말레이반도의 그라히(Grahi)에

하권에서 다루어질 앙코르 톰이 장쾌한 모습

엘레판트 테라스

앙코르 와트·월남 가다(上)

까지 이르는 광대한 지역이었다고 측정한다. 이미 크메르제국의 최강성 시기의 영토와 일치하는 것이다.

이 위대한 왕 야소바르만 1세에게는 슬픈 전설이 있다. 그는 말년에 문둥병에 걸렸다 했다. 그래서 근처의 숲 속으로 은퇴하여 슬픈 여생을 보냈다고 한다. 지금 앙코르 톰내에 있는 문둥이 왕 테라스(Terrace of the Leper King)는 후대에 그를 위해 지은 것이라는 전설이 있다. 그 테라스에는 왕 같이 보이는 사람의 좌상이 있는데 완전히 벌거벗은 것이 특징이다(프놈펜 국립박물관 소장). 꼬아 상투틀어 올린 머리에 오른쪽 무릎만 올리고 마제스틱하게 앉아있는 이 석상은 편안한 자세와 함께 불타오르는 영혼의 내면을 동시에 표현하고 있다. 두툼한 입술 위로 콧수염이 약간 나왔고, 힘있게 받친 턱의 모습과 풍만한 뺨, 시원한 이마에 짙은 눈썹과 지긋이 내리감은 눈, 우뚝 솟은 매부리코, 그리고 싱긋이 미소짓는 입술 사이로 이빨이 보이는 표정의 섬세한 표현들은 크메르예술의 정화를 보여주고 있다. 부드러움과 위엄을 동시에 간직한 이 석상이야말로 야소바르만의 실제 모습이었을까? 현재까지 밝혀진 많은 자료에 의하면 이 문둥이왕 테라스와 야소바르만 1세를 연결시키기는 어려울 것 같다. 그러나 전설은 그 나름대로 끊임없는 상상의 여운을 남긴다.

나는 일몰의 광경보다 새벽에 홀로 와서 일출의 광경을 한번 체험하고 싶은 충동을 느꼈다. 검은 원숭이들이 컹컹거리는 그 새벽 햇살 속의 장관은 문명의 여독을 일신시켜주고도 남음이 있을 것이다. 그때 어디에선가 낯익은 피리소리가 들려왔다. 피리의 질질 끄는 여음이 신전의 모든 상서로운 기운을 휘감았다. 갑자기 관광객들의 숨소리조차 죽어버렸던 것이다. 동행한 원일 교수가 아까 다님이가 산 피리를 불기 시작한 것이다. 모든 사람이 그 구슬픈 가락에 심취했을 때 그는 겸연쩍은 듯이 소리를 멈추었다. 모든 사람들이 박수를 치며 앙콜을 제청했다. 서양인 관광객들도 갑작스럽게 펼쳐진 격조높은 연주에 충격을 받은 것 같았다. 그런데 원일 교수는 피리구멍이 음계에 맞지않아 엉터리로 부른 것이라고 했다. 그러면서 끝내 부르지 않았다. 나중에 음계를 익혀 다시 연주하겠다고. 그 순간 그는 지고한 예술의 감응의 기회를 영원히 유실한 것이다. 프놈 바켕 신전 바로 그 순간 그 자리에 있었던 사람들의 감응의 상태가 그의 위대한 연주를 창조해내고 있었던 것이다. 예술이란

캄보디아의 소쿠리 춤

호상적 감응의 조화일 뿐이다. 연주자와 청취자가 호상적으로 감응하는 기의 교감이 일차적으로 중요한 것이다. 나중에 그가 연습해서 부른 어떠한 피리도 그 순간의 위대한 감동을 재현해 내지 못했다. 오호(嗚呼)!

이날 저녁 우리는 쿨렌 레스토랑(Kulen Restaurant)이라는 곳을 갔다. 필동에 있는 코리아 하우스처럼 밥도 먹고 민속공연을 볼 수 있는 그런 곳이었다. 음식도 나쁘지 않았다. 하여튼 저녁은 적게 먹을수록 좋으니까 아무래도 좋다. 무대에서 공연

캄보디아의 압사라 춤

하는 민속춤은 다양하게 구성되어있었지만 그 표현이 너무 직
접적이었다. 소쿠리 가지고 물고기 잡는 동작을 둘러싸고 젊은
남·여 패거리들이 사랑의 표현을 하는 춤사위는 아무런 해석
의 여백이 있을 수 없었다. 그러한 캄보디아의 민속춤을 바라
보면서 조선민족의 살풀이와 같은 춤사위가 얼마나 정제되고
세련된 아름다움을 간직하고 있는가 하는 것을 대비적으로 생
각해보았다. 그러나 마지막 압사라춤의 절제된 아름다움에 나

265

프놈 바켕

씨엠립 야경

는 압도되고 말았다. 압사라춤은 앙코르제국문명의 섬세한 아름다움이 간직된 거의 유일한 전승이다. 이 춤은 사원에서 제식적으로 혹은 왕궁에서 유흥용으로 활용되었던 예술양식이다. 15분 동안에 4천여 동작이 연속된다 하는데 마치 일본의 노오(能)와도 같이 지극히 정적이고 절제되어 있다. 젊은 무희가 궁둥이는 오리궁둥이처럼 잘룩히 내밀고 앞가슴 또한 앞으로 허공을 치는데, 전체적으로 보이지 않는 어떤 원형의 연속적 흐름을 형성시킨다. 이때 가장 미묘한 것은 손가락의 움직임이다. 손가락의 휘감는 품새들은 또아리를 트는 뱀대가리의 유연한 동작을 연상시킨다. 나가신의 움직임일 것이다. 그런데 그 동작이 매우 마제스틱하다. 일체의 빠른 동작이 없이 끊임없이 숨을 죽이며 단절없이 돌아가는 춤사위들은 우리 『수제천』 음악과도 같이 축적된 문명의 품격을 느끼게 한다. 그리고 무엇보다도 무희들의 얼굴표정이 순결한 원초적 흥취를 돋구었다. 아내와 나는 압사라춤만은 일품이라고 혀를 차면서 식당을 나왔다.

이날 밤 우리는 씨엠립의 번화가인 프사르 짜아(Psar Chaa, 큰 시장)지역에서 2차를 했다. 서사장이 외국인 상대로 좀 이그조틱한 분위기가 나게 차려놓은 데드 피시 까페(Dead Fish Cafe)를 추천했는데 너무 인위적인 느낌이 드는데다가 신발까지 벗고 올라가라고 괜히 냄새피는 것 같아 그냥 나와버렸다. 히피 같이 생긴 서양아이들만 그윽한 분위기에 앉아있었다. 그래서 옆에 있는 아주 평범한 텔 레스토랑(Tell Restaurant)이라는 곳으로 갔다. 우리는 그곳에서 앙코르 비어 10병을 마셨다 (우리나라의 상업용 큰 병). "앙코르 비어"는 참 맛있었다. 그리고 바나나 팬 케익을 안주로 두 개 시켰는데 아주 맛있었다. 그리고 과일안주를 1개 시켰다. 이 모든 것을 합해서 24불이었다. 외국인 상대의 최고급식당의 가격이 이 정도라면 이 나라의 물가의 수준을 알 수 있을 것이다. 돈쓰기에는 정말 좋은 나라였다. 이렇게 하루가 저물었다. 정말 긴 하루였다.

앙코르 와트 신도

프놈 바껭

앙코르 와트 해자의 수련

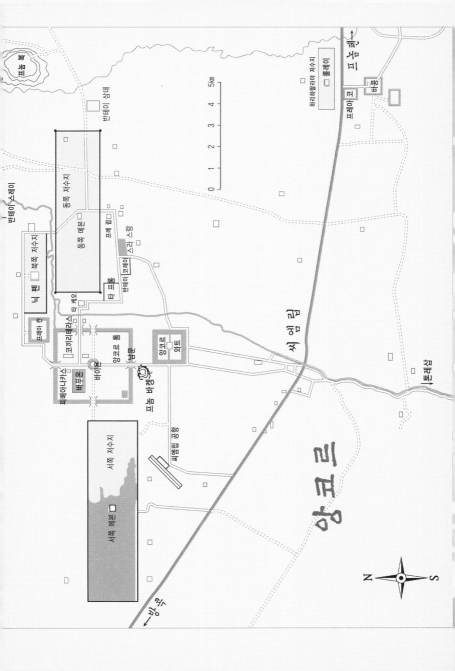

앙코르 와트·월남 가다(上)

2005년 2월 2일 초판발행
2007년 5월 9일 1판 3쇄

지은이   도올 김용옥
펴낸이   남호섭
펴낸곳   통나무

서울시 종로구 동숭동 199-27
전화: (02) 744-7992
팩스: (02) 762-8520
출판등록 1989. 11. 3. 제1-970호

ⓒ Kim Young-Oak, 2005   값 9,800원

ISBN 978-89-8264-209-8 (04980)
ISBN 978-89-8264-200-5 (전2권)